FUCHS · KUNST DER OSTGOTENZEIT

KUNST DER OSTGOTENZEIT

VON

SIEGFRIED FUCHS

WALTER DE GRUYTER & CO · BERLIN

1944

Mit 76 Abbildungen

Archiv-Nr. 31 73 43 · Gedruckt bei Walter de Gruyter & Co
Berlin W 35, vormals G. J. Göschen'sche Verlagshandlung
J. Guttentag, Verlagsbuchhandlung · Georg Reimer · Karl
J. Trübner · Veit & Comp. · Printed in Germany

DEM ANDENKEN

AN MEINEN AM 19. JULI 1943

AM MIUS GEFALLENEN BRUDER

WERNER FUCHS

VORWORT

Der Inhalt dieser Schrift ist eine durch zwei Abschnitte und zahlreiche Abbildungen ergänzte Neufassung eines in der Zeitschrift „Die Antike", Band 19, Jahrgang 1943 unter dem Titel „Bildnisse und Denkmäler aus der Ostgotenzeit" erschienenen Aufsatzes.

Den Abbildungen liegen, wo nicht im folgenden anderes bemerkt ist, stets Aufnahmen des Deutschen Archäologischen Instituts in Rom zugrunde. In den meisten Fällen handelt es sich dabei um Neuaufnahmen, welche H. Felbermeyer im Laufe der letzten Jahre angefertigt hat. Weitere Bildvorlagen stammen von folgenden Autoren: Alinari, Rom (Abb. 5, 16); Anderson, Florenz (Abb. 3, 4, 8, 9, 10, 39, 41, 50); Cicala, Pavia (Abb. 2); Giraudon, Paris (Abb. 36, 59); Luce, Rom (Abb. 19); Paoletti, Mailand (Abb. 38); Kunsthistorisches Museum Wien (Abb. 43); Museo Civico di Arte Antica, Turin (Abb. 72, 73). Die Druckstöcke zu Abb. 34 und 40 wurden freundlicherweise durch die Firma F. Bruckmann in München zur Verfügung gestellt.

In besonderem Maße ist der Verfasser einer Anzahl von Fachgelehrten und Museumsdirektoren verpflichtet, ohne deren nachdrückliche Unterstützung die vorliegende Arbeit nicht hätte zustandekommen können. Es sind dies in erster Linie die Herren S. Aurigemma, S. Bocconi, A. v. Gerkan und H. Fuhrmann in Rom, A. Bertini-Calosso in Perugia, C. Capezzuoli in Ravenna, F. Eichler in Wien, G. Jacopi in Bologna, F. Krischen in Danzig, A. Minto und F. Rossi in Florenz, G. Nicodemi in Mailand, G. Piani in Imola, L. Servolini in Forli, V. Viale in Turin, sowie Frau L. Cesano in Rom. Ihnen allen sei auch an dieser Stelle für die erwiesene Förderung ebenso herzlich gedankt wie den Herren H. Hofmann und F. W. Albrecht von der Kulturabteilung der Deutschen Botschaft sowie Herrn E. Kübber in Rom, denen der Verfasser für wesentliche Hilfeleistungen zu größtem Dank verpflichtet ist.

Rom, im Juni 1943 Siegfried Fuchs
(z. Zt. im Felde)

INHALT

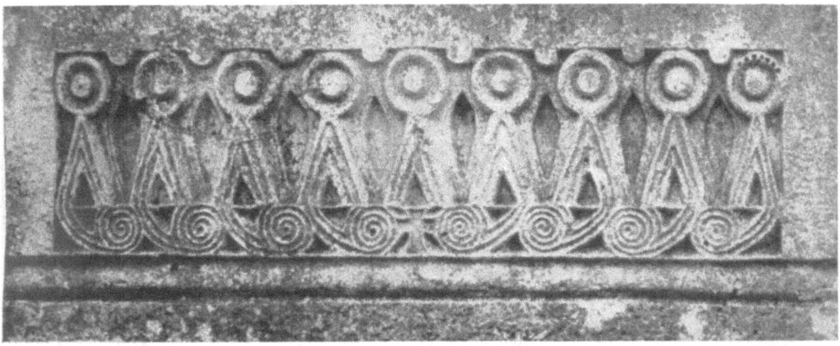

Abb. 1 Ravenna. Fries am Grabmal Theoderichs des Großen

1. ABSCHNITT

BAUKUNST UND ARCHITEKTONISCHE SKULPTUR

Als der Mailänder Diakon Ennodius im ersten Jahrzehnt des sechsten Jahrhunderts seinen berühmten Panegyricus auf Theoderich niederschrieb, erschien es ihm wichtig, unter den Leistungen des großen Ostgotenkönigs ganz besonders der Förderung zu gedenken, welche die in Italien seit vielen Jahrzehnten schwer daniederliegende Baukunst während seiner Regierungszeit erfahren hatte:
„*Trahit me ad aliam partem*“, so sagt er in seiner Lobrede auf den Gotenkönig, „*venerabilium pars magna meritorum. Video insperatum decorem urbium cineribus evenisse et sub civilitatis plenitudine palatina ubique tecta rutilare. Video ante perfecta aedificia quam me contigisset (scire) disposita. Illa ipsa mater civitatum Roma iuvenescit marcida senectutis membra resecando. Date veniam, Lupercalis genii sacra rudimenta: plus est occasum debellare quam dedisse principia*“ — „Es drängt mich, ein anderes Gebiet zu erwähnen, das für einen nicht unerheblichen Teil Deiner verehrungswürdigen Verdienste Zeugnis ablegt: Aus der Asche der Städte sehe ich eine unerwartete Pracht neu erstehen und unter dem machtvollen Schutz des geordneten Rechtsstaates allerwärts die Dächer von Palästen rötlich erstrahlen. Ich sehe Bauwerke vollendet dastehen, bevor mir auch nur ihre Planung bekannt geworden ist. Und selbst die

Mutter der Städte, das ewige Rom, verjüngt sich, indem es die morschen Glieder seines Greisentums abwirft. So mögen die heiligen Reste des Lupercal und ihr Genius denn das Wort verzeihen, aber größer ist es, dem Verfall Einhalt geboten als Neues begründet zu haben." (Corpus Scriptorum Ecclesiasticorum Latinorum 6, 276, 16ff.)
Man hat diesen Sätzen des Ennodius immer wieder als rhetorischen Übertreibungen ihre Bedeutung abzusprechen versucht, obgleich auf Grund zahlreicher anderer Zeugnisse kein Zweifel daran sein kann, daß sie in vollem Umfang ernst genommen werden müssen. Einmal nämlich bestätigt der sogenannte Anonymus Valesianus, ein wahrscheinlich aus Ravenna stammender Chronist des sechsten Jahrhunderts n. Chr., die Angaben des Mailänder Diakons in jeder Weise, wenn er schreibt, Theoderich habe es geliebt zu bauen und die Städte Italiens wiederherzustellen *(erat enim amator fabricarum et restaurator civitatum)*, und die zahlreichen Belege, welche er anschließend für die Bautätigkeit des Gotenkönigs in Ravenna, Verona, Ticinum (Pavia) und anderwärts anzuführen vermag, würden für sich allein schon völlig genügen, um ihm in dieser Hinsicht Recht zu geben. Da wird für Ravenna neben der neuerdings auch durch archäologische Beweise gesicherten Restauration des traianischen Aquäduktes die Erbauung eines eigenen Palastes und einer ihn umgebenden porticus bezeugt; für Verona außer Wiederherstellungsarbeiten an den Stadtmauern und der Wasserleitung ein gleichfalls durch eine Säulenhalle erweiterter Palast sowie eine Thermenanlage, und für Pavia weiß der Chronist schließlich abermals von einem Palast, von neuen Stadtmauern, Bädern und einem Amphitheater zu berichten, dessen in die Regierungszeit des Athalarich fallende Weihinschrift uns erhalten geblieben ist (Abb. 2). Das alles aber stellt nur einen kleinen Bruchteil dessen dar, was nach ergänzenden Quellen in der Zeit des Ostgotenkönigs entstanden ist und vielfach nur auf Grund seiner persönlichen Anteilnahme in Angriff genommen worden war — durch Paulus Diaconus wissen wir um die Erbauung eines Sommersitzes in Monza, der ravennatische Chronist Agnellus führt eine ganze Reihe anderer, durch den Anonymus Valesianus nicht erwähnter Bauten in Ravenna an, die im sechsten Jahrhundert entstandene Lebensbeschreibung des Abtes Hilarus von Galeata berichtet von einem palatium des Gotenkönigs im Tal des Bidente, und die Stadtchroniken von Spoleto erzählen von „amplissimas aedes", welche Theoderich dort errichtet habe. Die in großer Zahl erhaltenen Bauinschriften und Ziegelstempel vervollständigen das Bild, indem sie

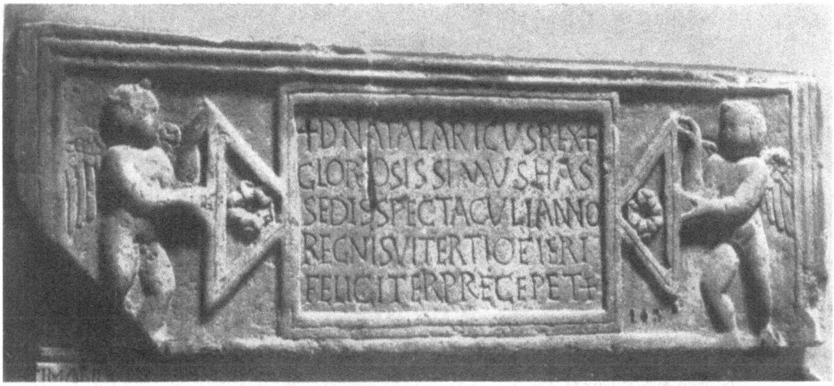

Abb. 2 Pavia, Museo Civico.
Restaurationsinschrift des Athalarich vom Amphitheater in Ticinum

uns unter anderem allein für die Stadt Rom Kenntnis geben von Wiederherstellungsarbeiten an der Aureliansmauer, der Engelsburg, dem Theater des Pompeius, am Colosseum, an der Curia senatus, am Severerpalast auf dem Palatin und von der Errichtung mehrerer Neubauten. Es kann demnach als sicher gelten, daß die Worte des Ennodius sich auf durchaus nüchterne Tatsachen stützen, zumal Cassiodor in seiner Zeitgeschichte ganz ähnliche Wendungen findet, wenn er zu dem Jahre 500 etwa schreibt, unter der glücklichen Herrschaft des Gotenkönigs seien „zahlreiche Städte wiederhergestellt und starke Festungen gegründet worden, ferner seien sehr sehenswerte Paläste entstanden, so daß selbst die Wunderwerke der Alten durch seine großartigen Bauten übertroffen würden" *(plurimae renovantur urbes, munitissima castella conduntur, consurgunt admiranda palatia, magnisque eius operibus antiqua miracula superantur)* — offenbar brauchte der Panegyriker in dieser Hinsicht seine Erfindungsgabe gar nicht in Anspruch zu nehmen, da auch eine sachliche Darstellung der wirklichen Verhältnisse ihren Zweck in vollem Umfang erfüllte. Die in den Varien des Cassiodor aufgezeichneten Verfügungen Theoderichs liefern dafür eine letzte und entscheidende Bestätigung, und da uns in ihnen Willensäußerungen des Königs selbst vorliegen, aus denen seine Absichten und Ziele klar hervorgehen, lohnt es, bei ihnen etwas länger zu verweilen.

„REX THEODERICVS PIVS PRINCEPS INVICTVS SEMPER" nennt die Inschrift des Goldmedaillons von Senigallia (Abb. 37) den

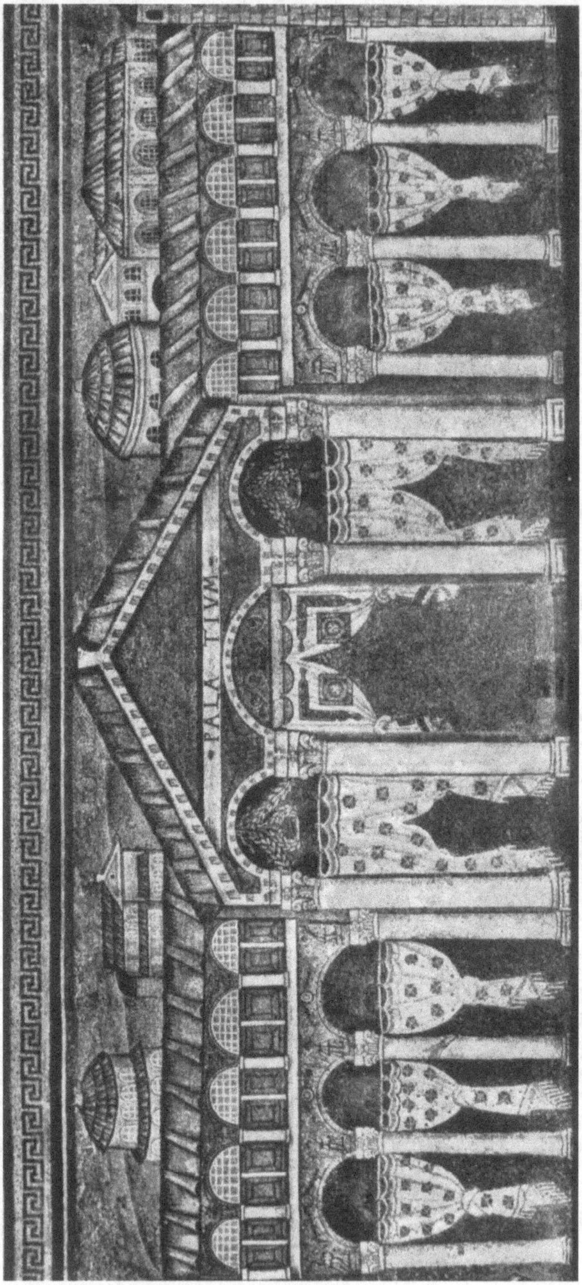

Abb. 3 Ravenna, S. Apollinare Nuovo.
Darstellung der Palastanlage Theoderichs des Großen in Ravenna

großen Amaler und fügt auf der Rückseite das Prädikat VICTOR GENTIVM hinzu; auf Ziegelstempeln erscheint außerdem regelmäßig vor dem Namen die Bezeichnung DOMINVS NOSTER. Und eine weitere, berühmte Inschrift, welche die Austrocknung des Sumpfgebietes am Decemnovius bei Terracina feiert, folgt endlich ganz und gar dem römischen Kaiserzeremoniell, wenn sie den Gotenkönig als DOMINVS NOSTER GLORIOSISSIMVS ATQVE INCLYTVS REX THEODERICVS bezeichnet, ihn VICTOR AC TRIVMFATOR sowie DOMITOR GENTIUM nennt und ihn schließlich in der Formel SEMPER AVGVSTVS den größten römischen Kaisern gleichstellt. Es mag sein, daß die Inschrift panegyrische Absichten verfolgt — auch unter diesen Umständen aber bleibt sie bezeichnend für die Auffassung, die ein Teil der römischen Nobilität bei Theoderich im Hinblick auf seine eigene Stellung voraussetzen zu können glaubte.

Daß der Gotenkönig sich in der Tat als Princeps im antiken Sinne fühlte und mit aller Kraft nach einer Wiederherstellung der alten imperialen Verhältnisse strebte, ist unbezweifelbar. In der Anwendung der erwähnten Titulaturen durch Theoderich zeichnet sich ebenso klar ein politisches Programm ab wie in der Annahme des Gentilnamens FLAVIVS oder etwa in der Ausgestaltung der Tricennalienfeier des Jahres 500 n. C., bei welcher der König ganz wie in den Glanzzeiten des Principates die Quiriten vor der Curia senatus begrüßte, dem Senate die übliche Ansprache hielt und dem Volke die hergebrachten Spenden und Spiele darbieten ließ. Wenn der bereits mehrfach erwähnte Anonymus Valesianus an einer freilich nur auf eine Einzelheit bezogenen Stelle erzählt, der König habe die öffentliche Ordnung „sicut sub principes" aufzubauen befohlen, so ist damit nicht nur eine Zufälligkeit herausgestellt, sondern geradezu der Leitsatz seines politischen Wollens erfaßt, als dessen hervorstechendste Eigentümlichkeit das bewußte Anknüpfen an Rechts-, Staats- und Kulturformen des Imperium Romanum bezeichnet werden muß. Es braucht nicht besonders betont zu werden, daß bei der Verwirklichung dieser Absichten seine Bemühungen um die Erhaltung des Bestehenden fast wichtiger erscheinen mußten, als die Schaffung neuer Formen, und man versteht erst danach ganz die symptomatische Bedeutung jenes Ennodiuswortes, das bereits eingangs hervorgehoben wurde: Plus est occasum debellare quam dedisse principia. Der Panegyriker wußte genau, daß er mit diesem Satz die uneingeschränkte Zustimmung des Königs finden mußte und finden würde. Theoderich

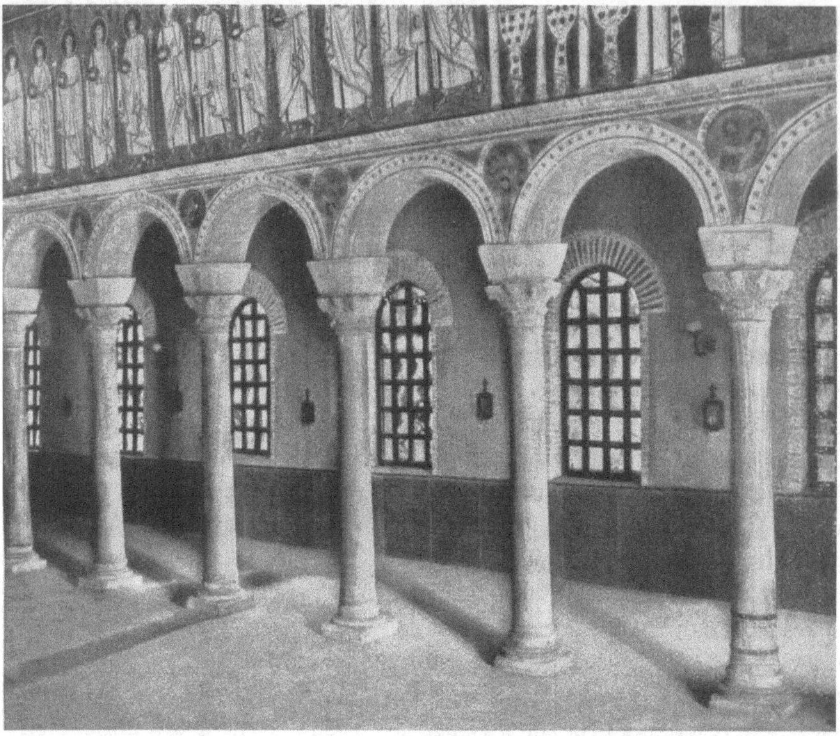

Abb. 4 Ravenna, S. Apollinare Nuovo. Blick auf die Südwand

wollte in der Tat die volle Wiederherstellung des Glanzes der Kaiserzeit und griff dabei bewußt zurück auf die größten Perioden des Principates, denen er als „novus Traianus vel Valentinianus“ Ebenbürtiges zur Seite zu stellen entschlossen war. Er wollte eine Renaissance der klassischen Antike auf allen Lebensgebieten, das der bildenden Kunst nicht ausgeschlossen und hat sie — wenn auch nur für kurze Zeit — in vollem Umfang erreicht.

In diesem Rahmen sind die Bemühungen Theoderichs um die Baukunst — und auch darin zeigt er sich als ein echter Nachfahre der römischen Kaiser — in erster Linie Mittel zur Erreichung eines politischen Ziels. Stets ist es der Vergleich mit den Verhältnissen der klassischen Zeit, der ihn antreibt und andere antreiben heißt — immer bewegt ihn die klar erkannte Verpflichtung zur Erhaltung des antiken Erbes, als dessen Verweser er sich fühlt und dessen Wirksamkeit er in seine Zeit hinein und

über sie zu verlängern bemüht ist. „*Universae rei publicae nostrae infatigabilem curam desideremus impendere et deo favente ad statum studeamus pristinum cuncta revocare*“ sagt der König in einem seiner Briefe (Variae 3, 31) an den Senat der Stadt Rom: „In unermüdlicher Sorge um das Wohl unseres gesamten Staatswesens sind wir unablässig bestrebt, mit Gottes Hilfe in allen Dingen seinen früheren Zustand wiederherzustellen“. Er erläutert sofort, wie das gemeint ist, wenn er anschließend von den templa und den loca publica spricht, die er auf vielseitige Bitten hin habe wiederherstellen lassen. Wie eine Begründung der hier geäußerten Absichten aber liest es sich, wenn er an einer anderen, sehr bedeutsamen Stelle (Variae 3, 9) im Hinblick auf diese Bautätigkeit weiter sagt, es sei „zwar sein Vorsatz Neues zu schaffen, aber mehr noch sei er gewillt, das Alte zu erhalten, da es ihm zu nicht geringerem Lobe gereichen werde, dieses bewahrt als jenes erdacht zu haben“ *(Propositi quidem nostri est nova construere, sed amplius vetusta servare, quia non minorem laudem de inventis quam de rebus possumus adquirere custoditis)* — der Zusammenhang mit dem oben erwähnten Wort des Ennodius ist so offenbar, daß nicht eigens auf ihn hingewiesen zu werden braucht. Der „pristinus status“ aber bezeichnet stets den Stand der Dinge in den Glanzzeiten des Principates, den „nitor antiquus“, der ihm als verpflichtendes Vorbild und Antrieb zur eigenen Leistung immer gegenwärtig ist. „*Absit enim ut ornatui cedamus veterum, qui inpares non sumus beatitudine saeculorum*“ (denn es sei fern von uns, die wir ihnen an Glück nicht ungleich sind, an Kunstwerken hinter den vergangenen Jahrhunderten zurückzubleiben) heißt es in der königlichen Verfügung, durch welche der Wiederaufbau der sogenannten Herkulesbasilica in Ravenna befohlen wird (Variae 1, 6).
So greift der Gotenkönig überall regelnd und neugestaltend in die öffentliche und private Bautätigkeit ein, ernennt Denkmalpfleger und Beauftragte für das staatliche Bauwesen, sorgt persönlich für die Abräumung nicht mehr instandzusetzender Ruinen und die Wiederverwendung noch brauchbarer Bauteile, da es nicht angehe „nutzlos herumliegen zu lassen, was den Städten zur Zier in neuen Bauten verwandt werden kann“ (Variae 2, 7). Wir besitzen mehrere Verfügungen dieser Art, unter denen die auf den Pincierpalast in Rom bezogene (Variae 3. 10) am besten bekannt geworden ist, so daß bei den Bauwerken des Gotenkönigs zweifellos mit einer Verwendung von Spolien in erheblichem Umfang gerechnet werden muß. Gerade deswegen ist jedoch besonders hervorzuheben, daß

Theoderich dabei mit größter Vorsicht verfährt und die Wiederverwendung nur dann fordert, wenn diese antiken Reste tatsächlich keine andere Benutzung mehr zulassen. Seine Fürsorge geht gelegentlich sogar so weit, daß er das Inkrafttreten seiner Verordnungen in aller Form an diese Bedingung knüpft (Variae 3, 9 und 4, 30). Im übrigen aber betont er immer wieder, welche Bedeutung er dem Schutz und der Erhaltung antiker Denkmäler beimißt, und es ist ein stolzes Selbstgefühl, aus dem heraus er sagen kann, daß er unablässig bemüht sei, die Städte seines Reiches durch den Glanz neu entstehender Bauten zu bereichern (Variae 2, 35: „*ornatum urbium cottidie desideramus augere*" sowie 4, 30: „*urbem fabricarum surgentium cupimus nitore componi*") und daß es untragbar für ihn sei, wenn angesichts dieser Bestrebungen die Werke des Altertums zugrunde gingen — Vergangenheit und Gegenwart verbinden sich zu einem Ganzen, das er als Einheit sieht und einheitlich gestalten will. „*Hoc enim studio largitas nostra non cedit*", sagt er in einem anderen Edikt Variae 7, 15), „*ut et facta veterum exclusis defectibus innovemus et nova vetustatis gloria vestiamus*" — „Wir werden nicht ablassen, in freigebigster Weise dafür zu sorgen, daß die Werke der Alten durch Beseitigung der erlittenen Schäden erneuert und unsere eigenen in einer ihrem Ruhm ebenbürtigen Weise gestaltet werden". Deutlicher läßt sich der Wille zu einer Renaissance der klassischen Antike nicht zum Ausdruck bringen. Die Idee der imperialen Nachfolge hat von dem Gotenkönig so stark Besitz ergriffen, daß alle seine Handlungen von ihr bestimmt werden — die Baukunst aber ist das Ausdrucksmittel, das am sichtbarsten von seinen Gedanken zu zeugen und in dem dieser Anspruch sich am sinnfälligsten zu verkörpern vermag.

Es ist von größter Bedeutung, daß die neueste Forschung dieses aus den Schriftquellen sich ergebende Bild auch an den Denkmälern selbst vielfach hat belegen können. Die Bauten Theoderichs folgen in Einzelfällen tatsächlich auf das Genaueste antiken Vorbildern aus den größten Perioden des Prinzipates. Im besonderen gilt dies von dem durch den Gotenkönig in Ravenna errichteten Palast, den er nach den Worten des Anonymus Valesianus zwar fertigstellte, jedoch selbst nicht mehr weihen konnte. In Übereinstimmung mit einem bereits von A. Haupt ausgesprochenen Gedanken hat E. Dyggve die beiden auf dem Palastmosaik von S. Apollinare Nuovo (Abb. 3) dargestellten Seitenflügel neuerdings wieder als rechtwinklig zur Stirnwand stehende Säulenhallen erklärt und sieht somit nach dem Vorgange Haupts in dem Mosaik eine bis in die Einzel-

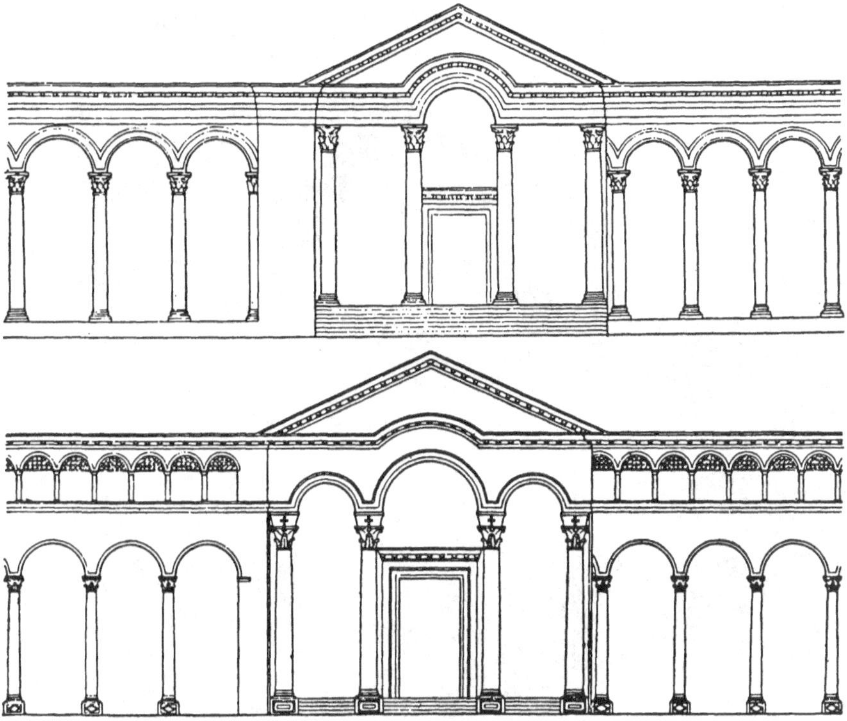

Abb. 5. Schematische Darstellung des Zeremonialhofes im Diokletianspalast in Spalato (oben) und im Palast des Theoderich zu Ravenna (unten). Nach E. Dyggve

heiten getreue Wiedergabe des Zeremonialhofes der ravennatischen Palastanlage des Theoderich. Dieser in Form einer dreischiffigen Hypäthralbasilica errichtete Bau entspricht in allem Wesentlichen dem Peristyl des Diocletianspalastes in Spalato (Abb. 5), dem gegenüber er nur in dem Obergeschoß der Seitenhallen eine leichte Veränderung zeigt. In allem anderen ist die Übereinstimmung so vollkommen, daß wir in ihr einen klaren Beweis für die methodische Durchführung der in den Erlassen des Ostgotenkönigs geäußerten Gedanken erblicken dürfen. Theoderich hat den Palast des Diocletian, der ja in seinem Herrschaftsbereich lag, zweifellos gekannt und ihn, wie für das Peristyl als sicher gelten kann, seinem eigenen Palast als Vorbild zugrundegelegt. Der im Grundriß mit dem Ehrenhof des Theoderichbaus und den anstoßenden Räumen weitgehend übereinstimmende Exarchenpalast (Abb. 6) nimmt genau die Stelle ein,

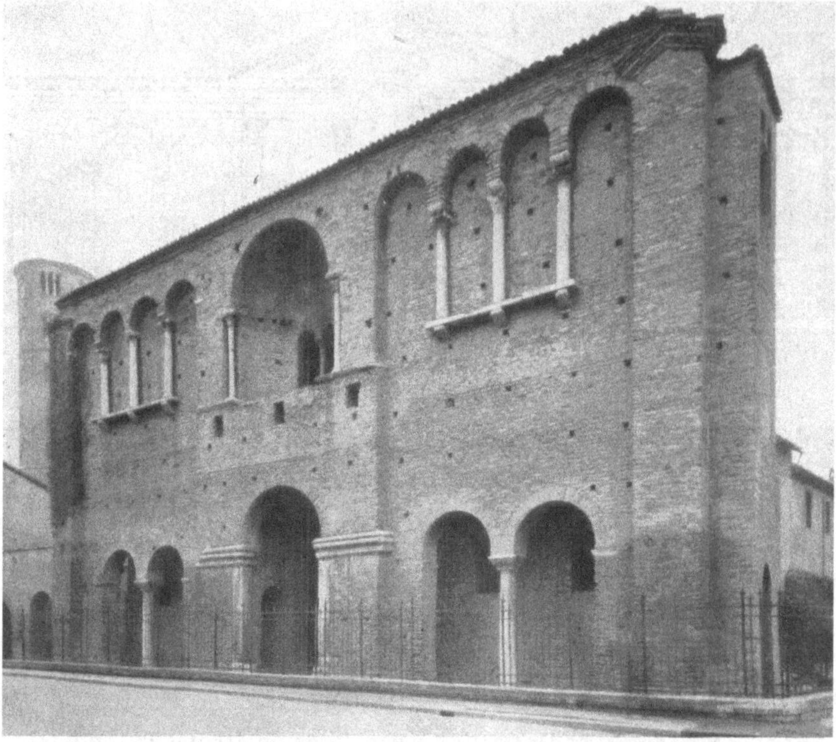

Abb. 6 Ravenna. Der sogenannte Exarchenpalast

an welcher der Haupteingang des Theoderichbaus, die Chalke gelegen haben muß. Damit kommt nicht nur die Volksüberlieferung, welche dieses Gebäude bis in die Neuzeit hinein stets als „Palazzo di Teoderico" bezeichnet hat, zu ihrem Recht, sondern es kann auch Lage und Aussehen der wesentlichsten Palasträume sicher bestimmt werden: Auf die gleichzeitig als Unterkunft der Leibwache dienende Chalke folgte in östlicher Richtung der in dem Palastmosaik dargestellte, an beiden Langseiten von Säulenhallen flankierte Ehrenhof mit einem an der Stirnseite gelegenen „Tribunal", in welchem der Gotenkönig nach Ausweis des Palastmosaiks im eigentlichen Sinne des Wortes „Hof zu halten" pflegte. Von hier aus führte eine Mitteltür (Abb. 5) in das Triclinium, einen rechteckigen überdachten Raum, vor dessen Ostapsis der Thronsitz des Königs gestanden haben muß. Die in den Ausgrabungen von 1907/1914 weiter

ostwärts freigelegten Gebäude gehören zwar ebenfalls noch zu dem Gesamtkomplex des Palastes, doch haben wir es in ihnen mit reinen Wohnbauten zu tun, während der eigentlich repräsentative Teil des Palastes, wie nach den überzeugenden Darlegungen E. Dyggves nicht mehr bezweifelt werden kann, in der auf dem Mosaik von S. Apollinare Nuovo dargestellten Gebäudegruppe gegeben ist. Damit zeigt sich in voller Klarheit der enge Zusammenhang, der zwischen diesem Bau des Gotenkönigs und der offiziellen römischen Staatsarchitektur bestanden hat. Dyggve konnte mit Recht darauf hinweisen, daß auch das Vorkommen gleichartig benannter Gebäudegruppen im Kaiserpalast in Konstantinopel sich nicht zufällig ergeben haben kann. Wie in Ravenna, wo die entsprechenden Bezeichnungen durch eine Schilderung des Agnellus überliefert sind, hatte der Konstantinopeler Palast seine Chalke aufzuweisen, in welcher das Wachlokal (Excubitorium) untergebracht war, ferner findet sich hier in dem Tribunalion das gleiche offene Atrium wie in Ravenna und in dem ebenfalls ausdrücklich so benannten Triklinion derselbe gedeckte Thronsaal, wie er bei dem Palast des Theoderich angenommen werden muß. Das bedeutet, daß der Gotenkönig sich nicht nur in den Bauformen auf das Engste an Vorbilder der römischen Staatsarchitektur angeschlossen, sondern daß er darüber hinaus in dem antiken Kaiserzeremoniell auch die Voraussetzungen dafür ohne wesentliche Änderungen übernommen hat — wie sein Hof in dem magister officiorum und dem cubicularius regis römische Magistrate aufwies, so war auch in dieser Hinsicht alles geordnet „sicut sub principes“.
So nachdrücklich all diese Parallelen jedoch das aus dem Schrifttum gewonnene Bild bestätigen, so wenig darf daraus auf eine völlige Preisgabe des kulturellen Eigenlebens durch die Goten geschlossen werden. Theoderich übernahm zwar all das, was er zur Erfüllung seines politischen Zieles übernehmen mußte, ließ aber daneben die Grundlagen der völkischen Eigenart seiner Goten völlig unangetastet, und die Kraft seiner Persönlichkeit äußert sich nicht zuletzt in der Tatsache, daß seine letzten Bauten deutlich den Weg zu einer durchaus selbständigen, germanischen Baukunst beschreiten. Davon wird später noch zu reden sein — einstweilen sei nur darauf verwiesen, daß eine ganze Reihe von Lebensgebieten durch diese klassizistischen Tendenzen in keiner Weise beeinflußt wurde. So blieb die gotische Sprache gleichberechtigt neben der römischen bestehen, Brauchtum und Sitten blieben völlig unangetastet, die gotische Kleidung bewahrte, wie an anderer Stelle gezeigt werden wird,

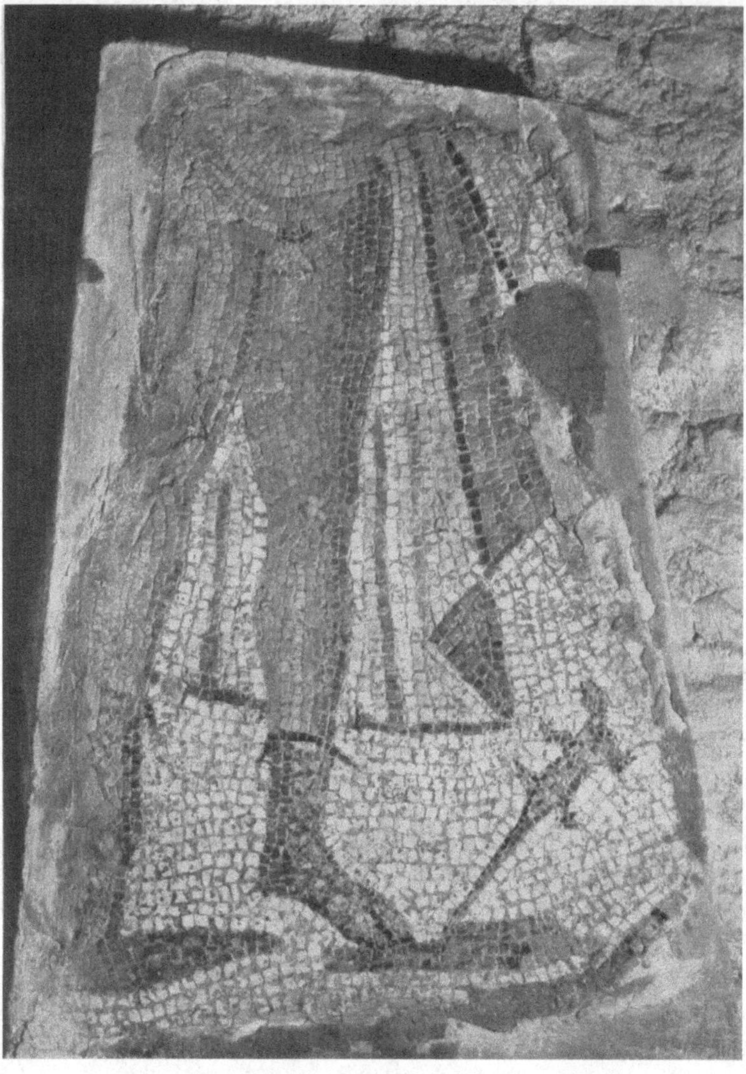

Abb. 7 Ravenna, sog. Exarchenpalast. Mosaikrest aus dem Palast des Theoderich

ihre Eigenart, und die ihrem Wesen nach durch und durch germanische Goldschmiedekunst macht uns mit einem ganzen Kunstzweig bekannt, dessen Formen selbständig blieben und gelegentlich sogar auf die große

Kunst zurückwirken sollten. Die geschilderte Angleichung umfaßt daher, wie stets berücksichtigt werden muß, nur eine Seite des gotischen Wesens, während eine andere davon ganz unberührt blieb und ihren germanischen Charakter in voller Reinheit bewahrte. Zu einer wirklichen Verschmelzung beider Komponenten ist es — anders als bei den Langobarden — nie gekommen, so daß die Kunst in dem unvermittelten Nebeneinanderbestehen des römischen und des germanischen Faktors nichts anderes wiedergibt als ein getreues Spiegelbild der politischen Verhältnisse jener von ungeheuren Spannungen erfüllten Jahrzehnte. Auch darauf wird an anderer Stelle noch zurückzukommen sein.

Wenn der ravennatische Palast, dessen Fußbodenmosaiken (Abb. 7) führenden römischen Künstlern jener Zeit verdankt werden, in der Gesamtplanung wie in verschiedenen Einzelheiten ein bewußtes Zurückgreifen auf Vorbilder diokletianischer und konstantinischer Zeit erkennen läßt, so reihen sich andere Bauten des Gotenkönigs unmittelbar in die spätantike Überlieferung ein, die ohne größere Veränderungen weitergeführt und zu letzter Vollendung gesteigert wird. In erster Linie gilt das von der Hofkirche des Gotenkönigs, S. Apollinare Nuovo (Abb. 4 und 8), von der Ferdinand Gregorovius mit Recht gesagt hat, daß ihr kein zweiter ravennatischer Kirchenbau gleichkäme „an edler Pracht und schönen Verhältnissen". Ihre Zuweisung an den Gotenkönig ist sichergestellt durch die von Agnellus überlieferte, einst in der Apsis angebrachte Weihinschrift, nach welcher „THEODERICVS REX HANC ECCLESIAM A FVNDAMENTIS IN NOMINE DOMINI NOSTRI JESV CHRISTI FECIT". König Theoderich die Kirche von den Fundamenten an im Namen unseres Herrn Jesus Christus erbaute: Die dreischiffige Basilica, deren Mittelschiff durch zwei Bogenreihen auf je zwölf Säulen von den Seitenschiffen getrennt ist, zeigt in ihrer Nord- und Südwand noch ganz den Bauzustand der Gotenzeit, während Apsis und Westwand mehrfach erneuert worden sind. Auf eine nähere Beschreibung des allgemein bekannten Baues, dessen von hervorragenden römischen Künstlern angefertigte Mosaiken zu dem Schönsten gehören, was uns aus der Gotenzeit erhalten geblieben ist, kann hier verzichtet werden; bemerkt sei nur, daß die Kirche sich reibungslos in die Reihe der altchristlichen Basiliken Italiens einfügt und sie in der Klarheit der Raumgestaltung wie im Ebenmaß und in der Schönheit der inneren Ausstattung zum Teil wirklich übertroffen haben mag. Einige Einzelheiten aber seien besonders angemerkt, weil sie in der Regel nicht genügend gewürdigt werden. Über

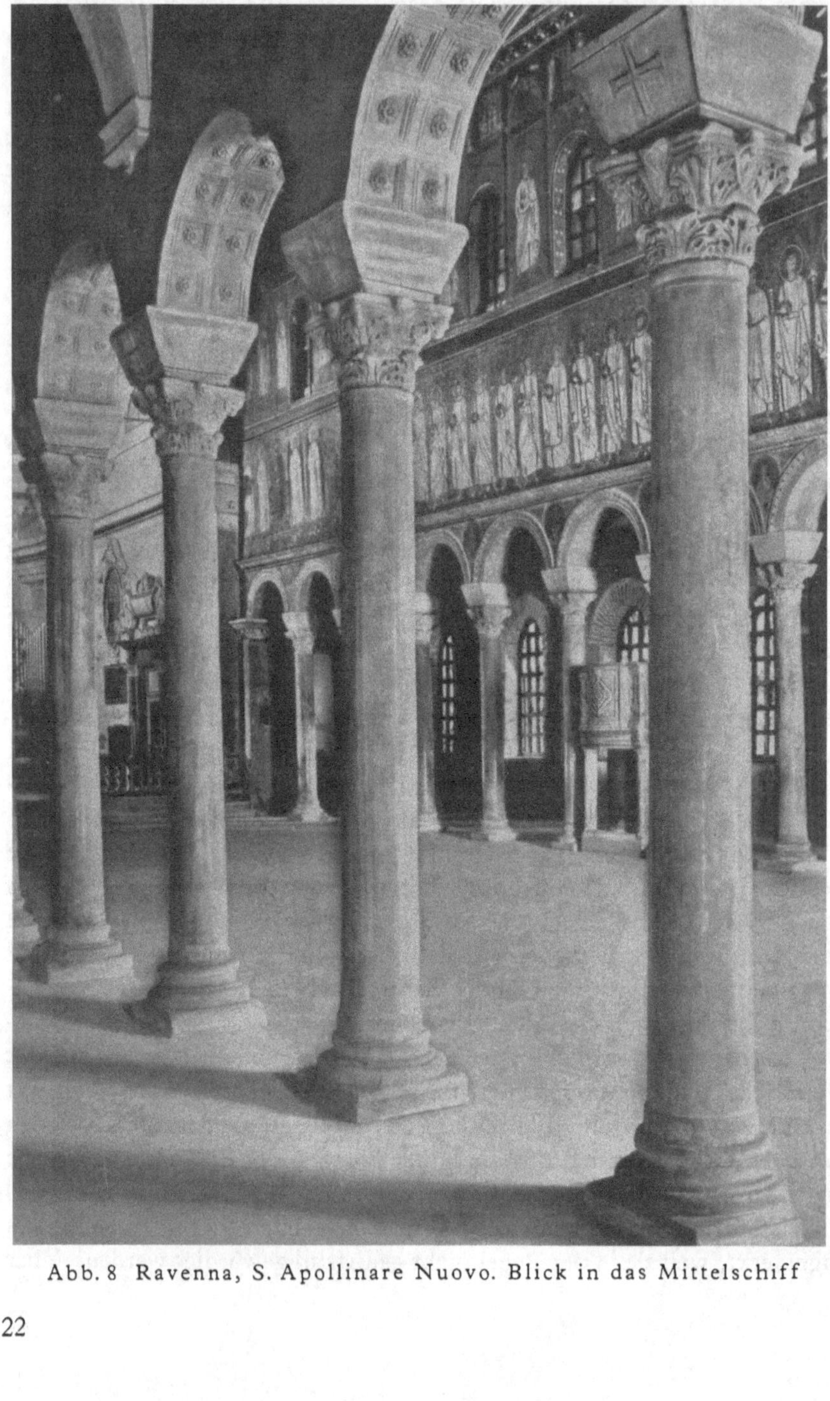

Abb. 8 Ravenna, S. Apollinare Nuovo. Blick in das Mittelschiff

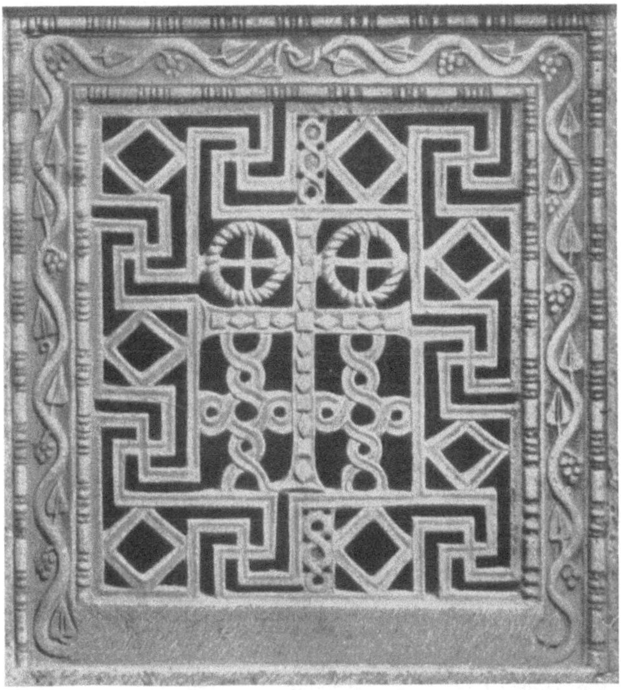

Abb. 9 Ravenna, S. Apollinare Nuovo. Unvollendete Einzelplatte von den Chorschranken der Ostgotenzeit

der zum Chiostro führenden Tür der Südwand befindet sich das einzige Mosaikbild des Theoderich, das uns erhalten geblieben ist (Abb. 39). Möglicherweise handelt es sich in diesem Porträt um den letzten Rest der Darstellung des Gotenkönigs aus der mittleren Arkade des Palastmosaiks (Abb. 3), sicher aber um eines seiner Bildnisse aus der Hofkirche, das bei der katholischen Neuweihung im sechsten Jahrhundert durch Hinzufügung des Diadems und der Inschrift in ein Justiniansporträt verwandelt worden ist. Der ravennatische Chronist Agnellus hat es jedenfalls drei Jahrhunderte später bereits anstandslos als Darstellung des byzantinischen Kaisers gelten lassen. Daß es das nicht sein kann, sondern nur als ein — wenn auch stark verändertes und ergänztes — Bildnis des Stifters von S. Apollinare Nuovo erklärbar ist, wird an anderer Stelle noch darzulegen sein.
Ebenso wichtig ist die an der gleichen Wand stehende Kanzel (Abb. 8), welche ohne Zweifel dem Theoderichbau angehört und uns eine ganze

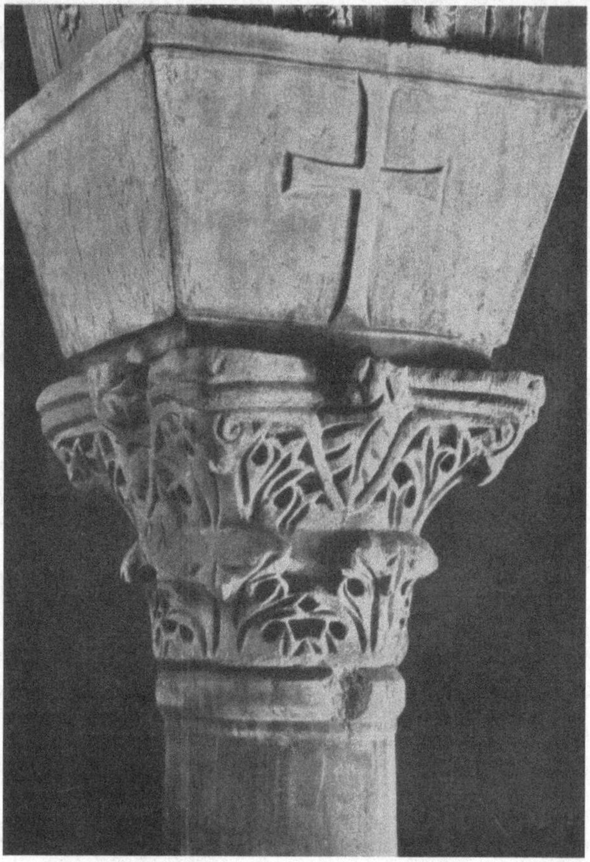

Abb. 10 Ravenna, S. Apollinare Nuovo. Säulenkapitell der Theoderichzeit

Reihe wertvoller Aufschlüsse über die architektonische Skulptur der Ostgotenzeit gibt. Besonders bemerkenswert ist dabei, wie schon A. Haupt bemerkt hat, die spezifisch ostgotische Verwendung von Pilastern mit angesetzten Halb- oder Dreiviertelsäulen und das Vorkommen des für die Skulptur der Ostgotenzeit ebenso bezeichnenden langgestreckten, auf einem Kreise stehenden Kreuzes, das an dem schönen Ambo der durch Agnellus als ostgotisch gesicherten Kirche S. Teodoro in Ravenna ganz gleichartig wiederkehrt (Abb. 13). Ferner muß auf die in durchbrochener Arbeit gefertigten Schrankenplatten einer Kapelle der Nordseite verwie-

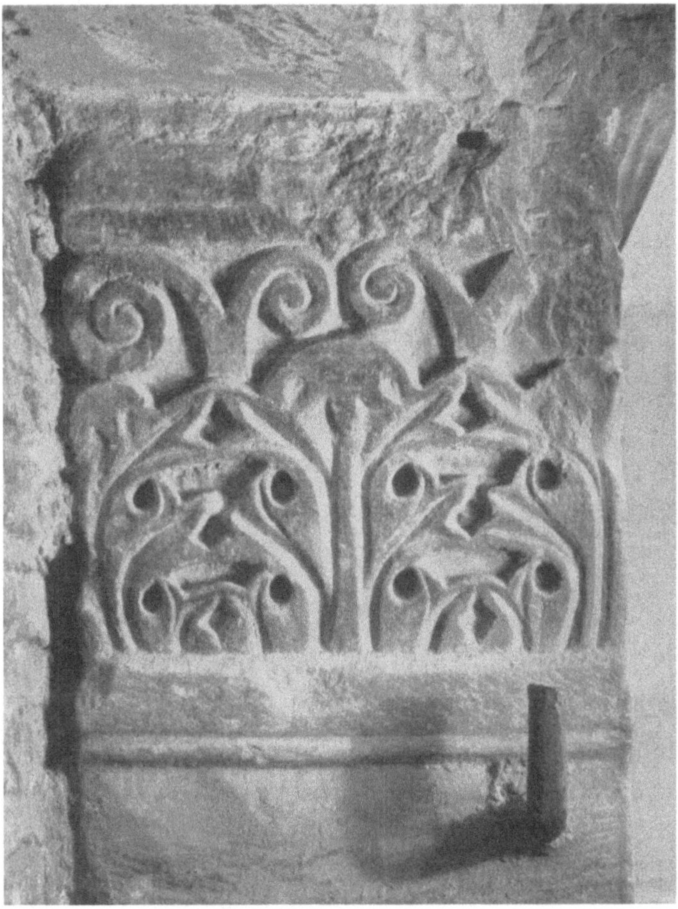

Abb. 11 Ravenna, sog. Exarchenpalast.
Wiederverwendeter Pilaster vom Palast des Theoderich

sen werden, von denen eine (Abb. 9) unmittelbar an die Durchbruchsarbeiten bei den Goldgefäßen des gotischen Schatzfundes von Petrossa erinnert und zudem sicher nicht nur zufällig in dem Doppelmäander ein den Ostgermanen seit Jahrhunderten geläufiges und von ihnen immer wieder mit besonderer Vorliebe verwendetes Ziermotiv aufzuweisen hat. Die Platte bildet zweifellos einen Rest der ursprünglichen Chorschranke und zeigt in den erwähnten Zügen wie in dem sinnbildhaften Charakter ihrer Verzierung starke Anzeichen germanischer Beeinflussung.

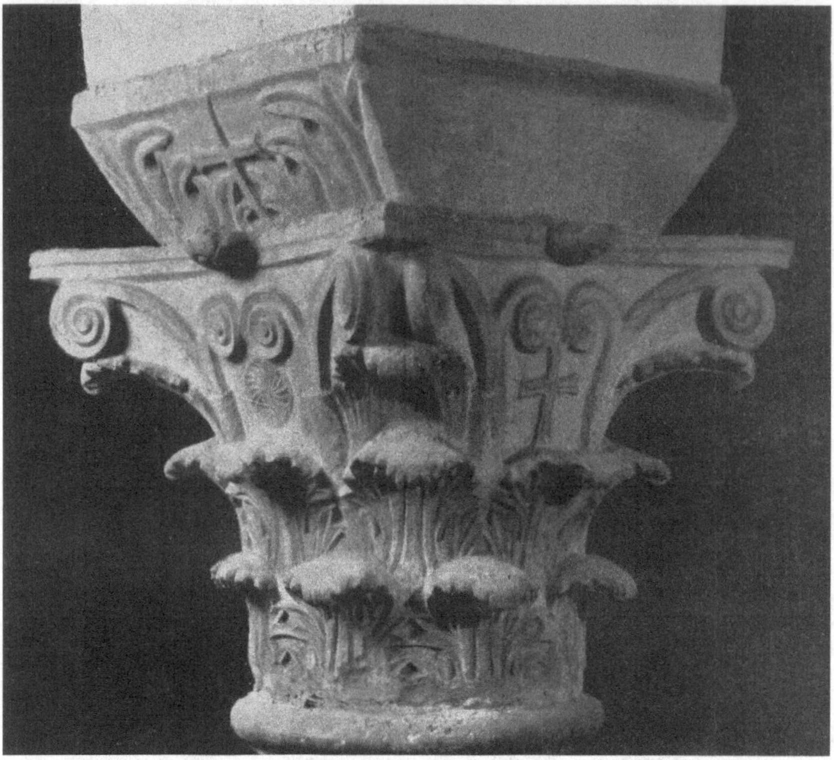

Abb. 12 Ravenna. Kapitell aus der Ostgotenkirche S. Teodoro (Spirito Santo)

Schließlich muß hier noch ein Stilmerkmal hervorgehoben werden, welches für die Steinmetzarbeiten der Gotenzeit typisch zu sein scheint und sich an den Kapitellen von S. Apollinare Nuovo (Abb. 10) mit besonderer Klarheit aufzeigen läßt. Es ist dies die kerbschnittartige, das Negativ stark betonende Marmorarbeit, welche in der gleichen Art nicht nur auf einzelnen Konsolen des Theoderichgrabmals, sondern auch bei den wiederverwendeten Pilasterkapitellen des sogenannten Exarchenpalastes vorkommt (Abb. 11) und damit deren Herkunft vom Palast des Gotenkönigs außer Frage stellt. Wahrscheinlich handelt es sich in allen diesen Arbeiten um Erzeugnisse einer einzigen, zur Zeit des Theoderich für den gotischen Hof tätigen Werkstatt, welcher unter anderem auch die Kanzeln von S. Apollinare Nuovo und S. Teodoro zugewiesen werden müssen.

Von den übrigen Kirchenbauten, die nach dem schon mehrfach erwähnten ravennatischen Chronisten „Gothorum temporibus vel Regis Theoderici constructae sunt" seien die im Jahre 513 außerhalb der Stadtmauern erbaute Kirche des heiligen Eusebius, eine weitere des heiligen Georg, eine Kirche des heiligen Sergius in Classe, eine solche des heiligen Zeno in Caesarea und die Kirche des heiligen Theodor in Ravenna genannt. Von ihnen allen ist nur S. Teodoro samt dem zugehörigen Baptisterium der Arianer, einem achteckigen Zentralbau mit vier größtenteils zerstörten Seitennischen, erhalten geblieben. Die heute Spirito Santo genannte Kirche ist zwar im sechzehnten Jahrhundert weitgehenden Umbauten unterworfen worden, hat jedoch noch die alten Kapitelle (Abb. 12) mit der bei Bauten der Ostgotenzeit öfters wiederkehrenden Kämpferverzierung durch ein zwischen Akanthusblätter gestelltes lateinisches Kreuz aufzuweisen. Vor allem aber ist hier der bereits erwähnten Kanzel (Abb. 13) zu gedenken, die als eine spezifische Arbeit der Ostgotenzeit angesehen werden muß und in einer ganzen Reihe von Merkmalen auch starke gotische Beeinflussungen erkennen läßt. Auf die eigenartige Bildung der an beiden Seiten angebrachten Kreuze wurde schon aufmerksam gemacht; andere Motive, wie die geschlitzten Weinblätter der Seitenfelder, deren besondere, von gotischen Goldschmiedearbeiten her bekannte Form schon A. Haupt aufgefallen ist, sind hier ebenso anzuschließen wie die in der gotischen Kleinkunst eine beherrschende Stellung einnehmende Rankenornamentik des Mittelfeldes. Das wohl als Lebenssinnbild zu verstehende Motiv der aus einem geschweiften Gefäß herauswachsenden Weinranke, das ganz gleichartig auf einem ostgotischen Reliquiar der Theoderichzeit vorkommt, gehört ebenfalls hierher. Wichtiger als all das aber sind die stilistischen Merkmale, durch welche diese Art Plastik der späteren langobardischen innerlich auf das Engste verwandt erscheint: die ihr innewohnende Neigung zur Linearität, zu unplastisch-graphischer Behandlung des Steines und der Hang zu ornamentaler Deutung organischer Formen. Es ist beispielsweise sicher kein Zufall, wenn der Fuß des doppelhenkligen Gefäßes, welches die äußeren Bogenstellungen dieser Kanzel schmückt, genau in der von zahlreichen germanischen Goldschmiedearbeiten (Abb. 60) her bekannten Form auftritt, aus welcher das Zangenornament des Theoderichgrabmals (Abb. 1) sich zusammensetzt. Ebenso bezeichnend ist die Vorliebe für die aus der Spätantike übernommenen gedrehten Säulen, welche die ostgotische Kunst mit der westgotischen teilt. Die Neigung zu Torsionsformen und Wirbel-

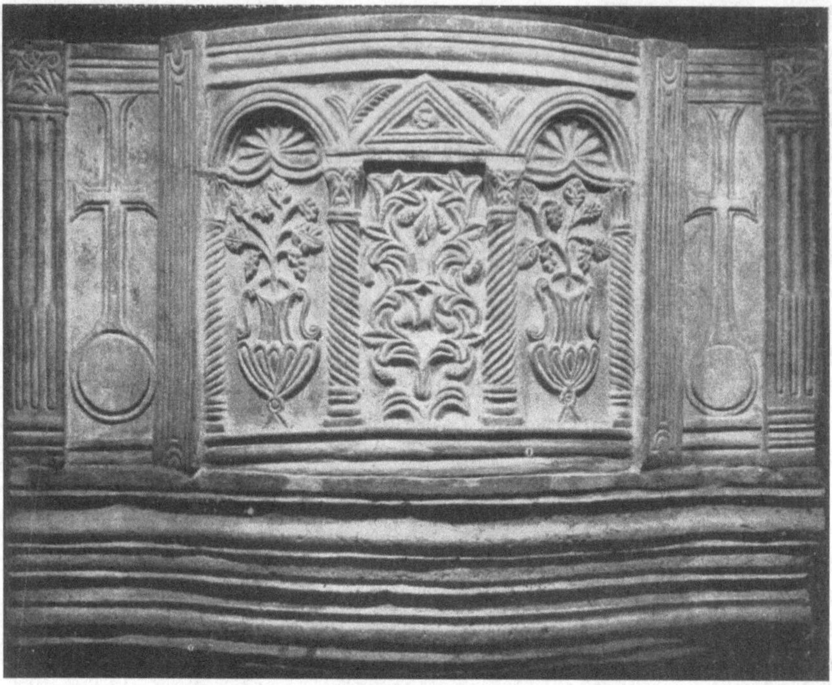

Abb. 13 Ravenna. Kanzel aus der Ostgotenkirche S. Teodoro (Spirito Santo)

bildungen stellt einen die Kleinkunst des völkerwanderungszeitlichen Germanentums in so entscheidender Weise bestimmenden Wesenszug dar, daß hier fraglos mit germanischen Einflüssen gerechnet werden muß. Nur um die weitreichende Bedeutung dieser ostgotischen Formen zu beleuchten, sei schließlich noch auf die Ähnlichkeit der bei den Seitenteilen dieser Kanzel auftretenden Pilasterkapitelle mit denen der Bronzegitter der Aachener Pfalzkapelle verwiesen, wobei dahingestellt bleiben kann, ob diese Erscheinung ihren Grund in dem von A. Haupt vermuteten ravennatischen Ursprung der Gitter oder in dem sicher erweisbaren Anknüpfen der sogenannten karolingischen Renaissance an Bau- und Stilformen der Ostgotenzeit hat. Das Ergebnis bleibt sich in beiden Fällen gleich. Die in Abb. 14 wiedergegebenen Reste einer ähnlichen Kanzel, welche im R. Museo Nazionale zu Ravenna aufbewahrt werden und aus der Kirche der hl. Agnes stammen sollen, dürften in derselben Werkstatt entstanden sein, der die Kanzel von S. Teodoro zu verdanken ist.

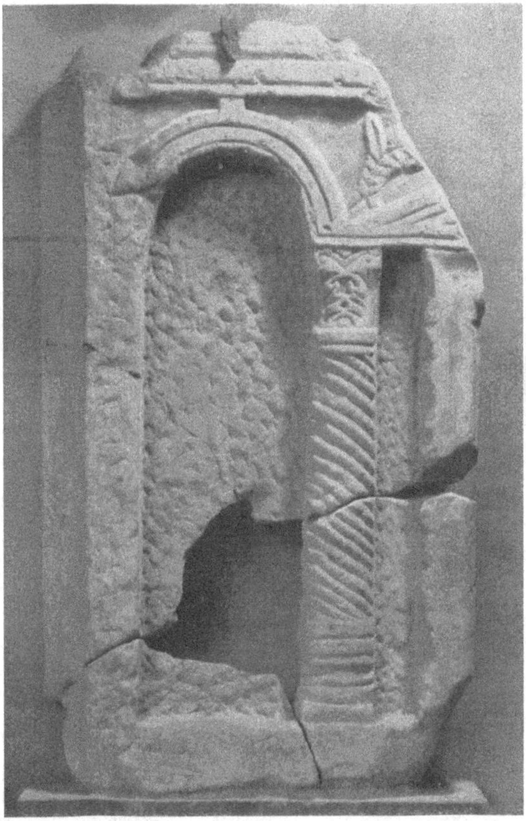

Abb. 14 Ravenna, R. Museo Nazionale.
Rest einer Kanzel aus der Ostgotenzeit

Eine eigene Erwähnung verdienen schließlich noch die bekannten Kapitelle von der Piazza Maggiore, welche der Überlieferung nach von der durch Theoderich wiederhergestellten Herkulesbasilica stammen sollen. Man hat diese Herkunftsangabe zwar als unbegründet abgelehnt, aber das Volkswissen scheint hier wie so oft zuletzt doch recht zu behalten. Von den vierzehn erhaltenen Stücken (neun in Wiederverwendung an der erwähnten Piazza, vier im Museo Nazionale und eins in der Pfarrkirche von Cesato) tragen nicht nur zwei, wie immer behauptet wird, sondern insgesamt fünf das Monogramm des Gotenkönigs (Abb. 15), das an einigen von ihnen — wohl nach dem Untergang der Gotenherrschaft —

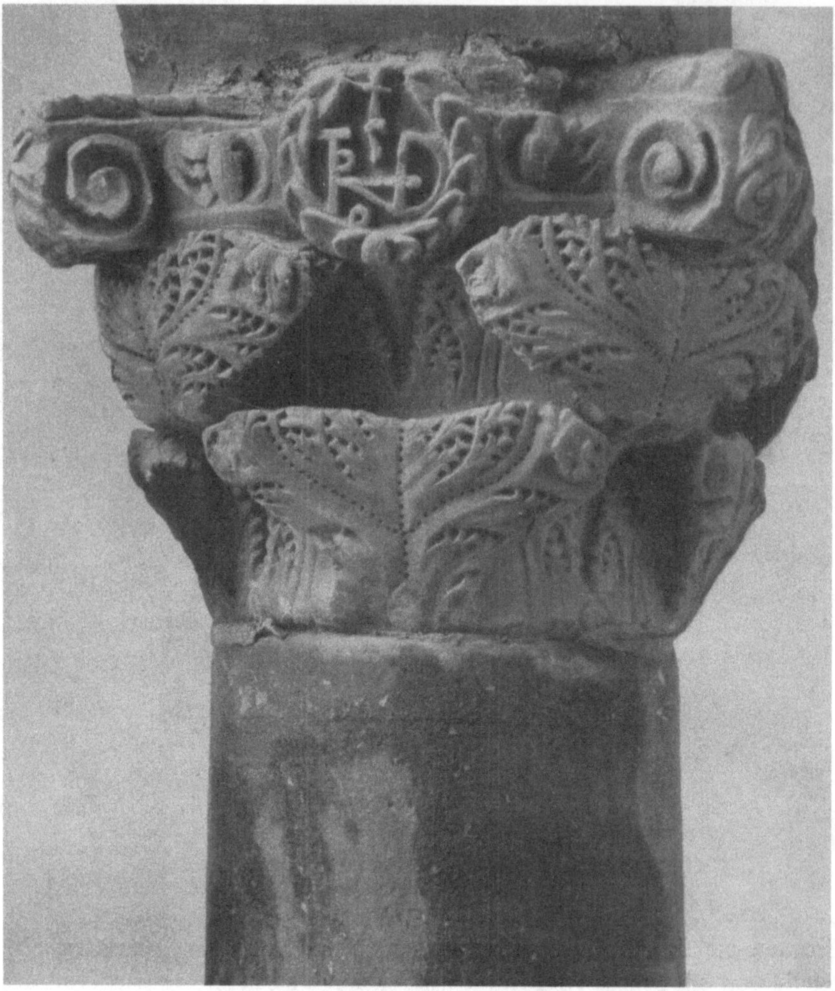

Abb. 15 Ravenna, Piazza Maggiore. Wiederverwendetes Säulenkapitell mit dem Monogramm Theoderichs des Großen

allerdings gewaltsam abgeschlagen worden ist. Und da sich zwischen den beiden Arten bei aller äußeren Ähnlichkeit deutliche Unterschiede der Technik feststellen lassen, kann als erwiesen gelten, daß hier zur Zeit des Theoderich Ergänzungen zu bereits vorhandenen Stücken vorgenommen und die dabei neu entstandenen Kapitelle ausdrücklich als Werke seiner Zeit bezeichnet wurden. Was zu der durch das erhaltene

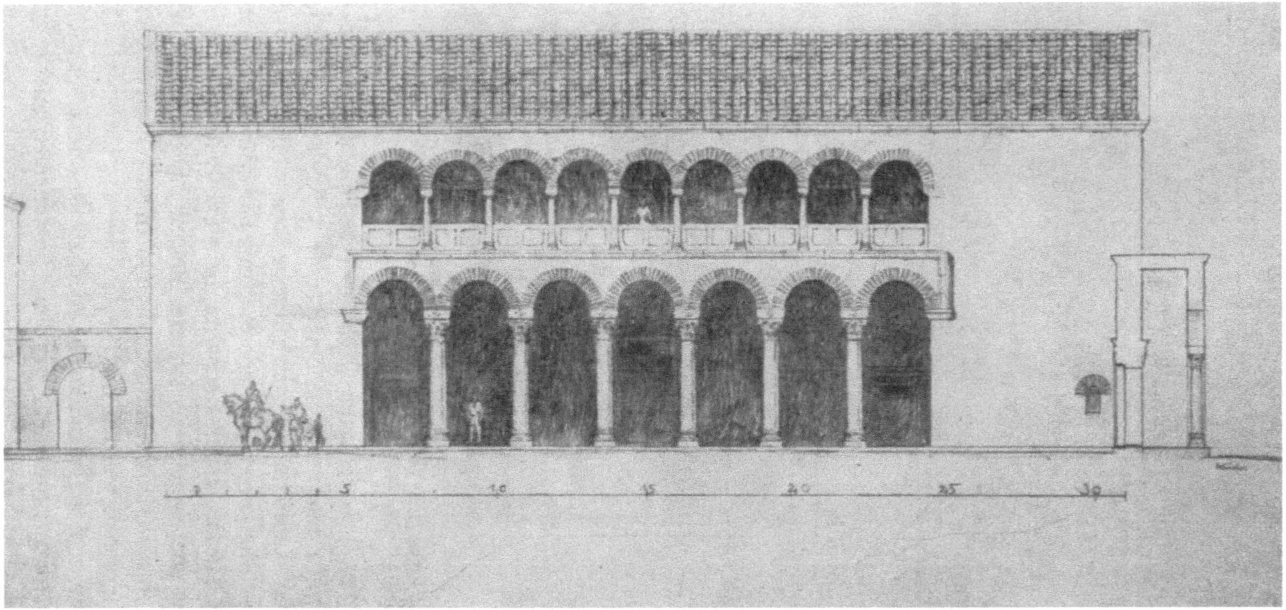

Abb. 16 Galeata bei Forlì. Fassade des Theoderichpalastes. Rekonstruktion von F. Krischen

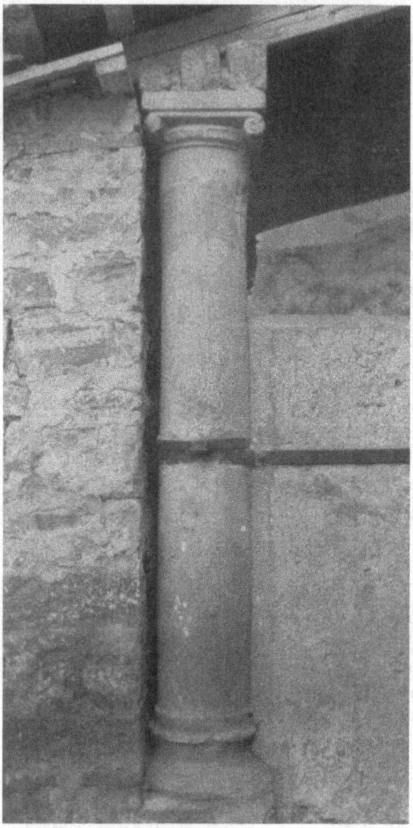

Abb. 17 Galeata bei Forlì.
Wiederverwendete Säulenreste vom Palast des Theoderich

königliche Dekret gesicherten Wiederherstellung der basilica Herculis durchaus stimmt, nicht aber zu der Kirche S. Andrea dei Goti, der man die erwähnten Kapitelle gelegentlich zuweisen wollte. Wir wissen, daß dieser leider völlig verschwundene Bau mit Holzsäulen geschmückt war, und schon A. Haupt hat mit Recht auf die große Bedeutung dieser Nachricht hingewiesen, welche als sicherer Beweis für die Beibehaltung der angestammten Holzbauweise durch die Goten auch nach der Landnahme in Italien angesehen werden muß.
Die Palastbauten des Gotenkönigs außerhalb Ravennas sind bisher noch nicht systematisch untersucht worden, sie scheinen auch zum größten

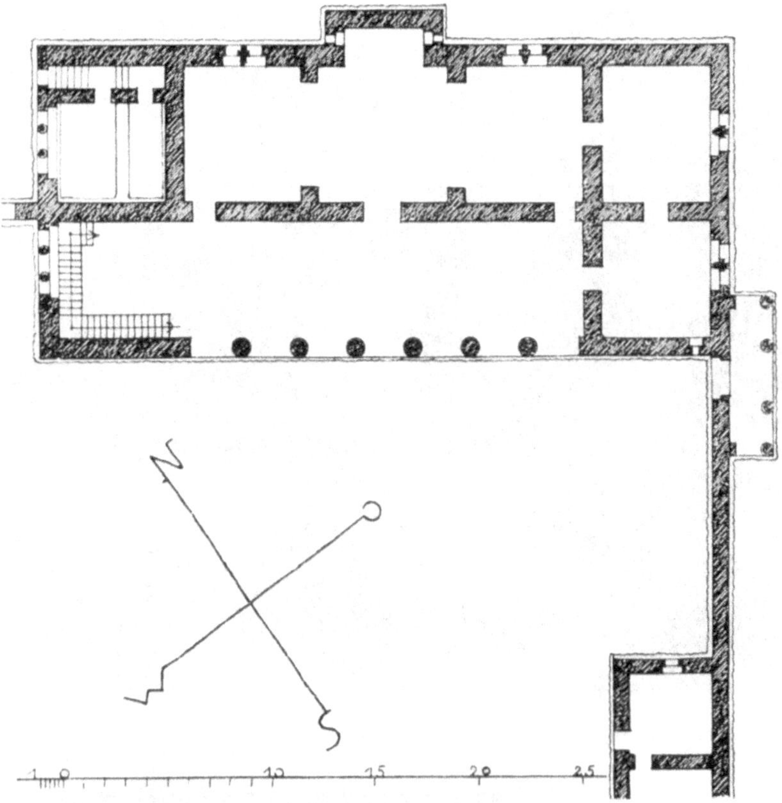

Abb. 18 Galeata bei Forlì. Grundriß des Theoderichpalastes. Rekonstruktion von F. Krischen

Teil verschwunden zu sein. Von den Bauten in Pavia und Monza wissen wir gar nichts mehr; in Spoleto dagegen bezeichnet die Überlieferung einen in der Via dello Spagna auf größere Strecken erhaltenen, aus gut gefügten Quadern errichteten Baurest als Palast des Theoderich, vielleicht mit Recht, da seine Arkaden unmittelbar an die des sogenannten Achiropiitos in Saloniki, eines Gebäudes des fünften Jahrhunderts, erinnern. Der auf dem Colle S. Pietro in Verona durch den Gotenkönig erbaute Palast, welcher auf einem dem 12. Jahrhundert angehörenden Stadtsiegel noch intakt wiedergegeben zu sein scheint, dürfte in späteren Umbauten völlig aufgegangen sein. Von einer planmäßigen Erforschung der erhaltenen Reste wird man sich jedoch, wie neuere Grabungen erst kürzlich wieder erwiesen haben, hier überall noch wertvolle Aufschlüsse

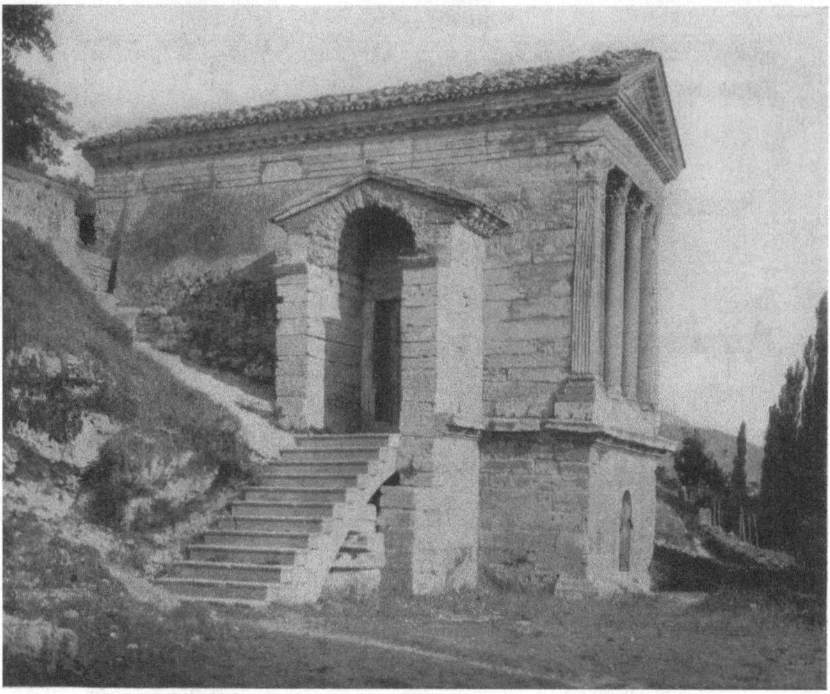

Abb. 19 Campello bei Spoleto. Der sogenannte Tempel des Clitumnus

erhoffen dürfen — in Galeata konnte jedenfalls das Aussehen des durch die Lebensbeschreibung des Abtes Hilarus überlieferten Palastes trotz schlechtester Erhaltungsbedingungen in allem Wesentlichen gesichert werden (Abb. 16/18). Der an einer alten Übergangsstraße des nördlichen Apennin gelegene und eine Tagesreise von Ravenna entfernte Gebäudekomplex wurde von dem Gotenkönig als Jagdschloß benutzt und zeigt in der Gesamtplanung wie in mehreren Einzelheiten Berührungspunkte mit den uns erhaltenen germanischen Königshallen, wobei besonders auf die Ähnlichkeit der Grundrißlösung mit der des westgotischen Königspalastes von S. Maria de Naranco zu verweisen ist. Auch hier werden die weitreichenden Wirkungen sichtbar, welche die ostgotische Baukunst gehabt hat — wie der erwähnte westgotische Palast als Weiterbildung des in Galeata gegebenen Vorbildes aufgefaßt werden muß, so ist auch der von Karl dem Großen erneuerte merovingische Königssaal in Aachen noch von ihm abhängig, wie überhaupt die sogenannte karolingische Renais-

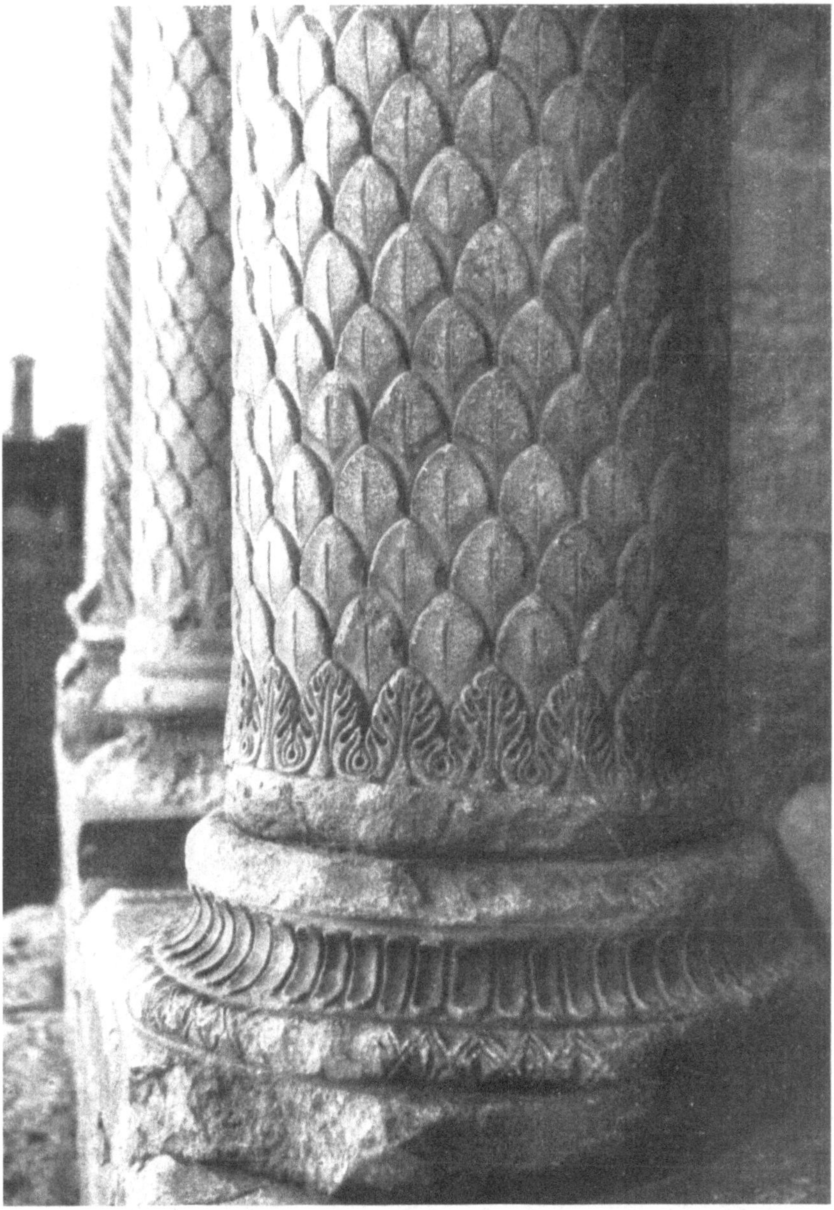

Abb. 20 Campello bei Spoleto.
Säulenbasis am sogenannten Tempel des Clitumnus

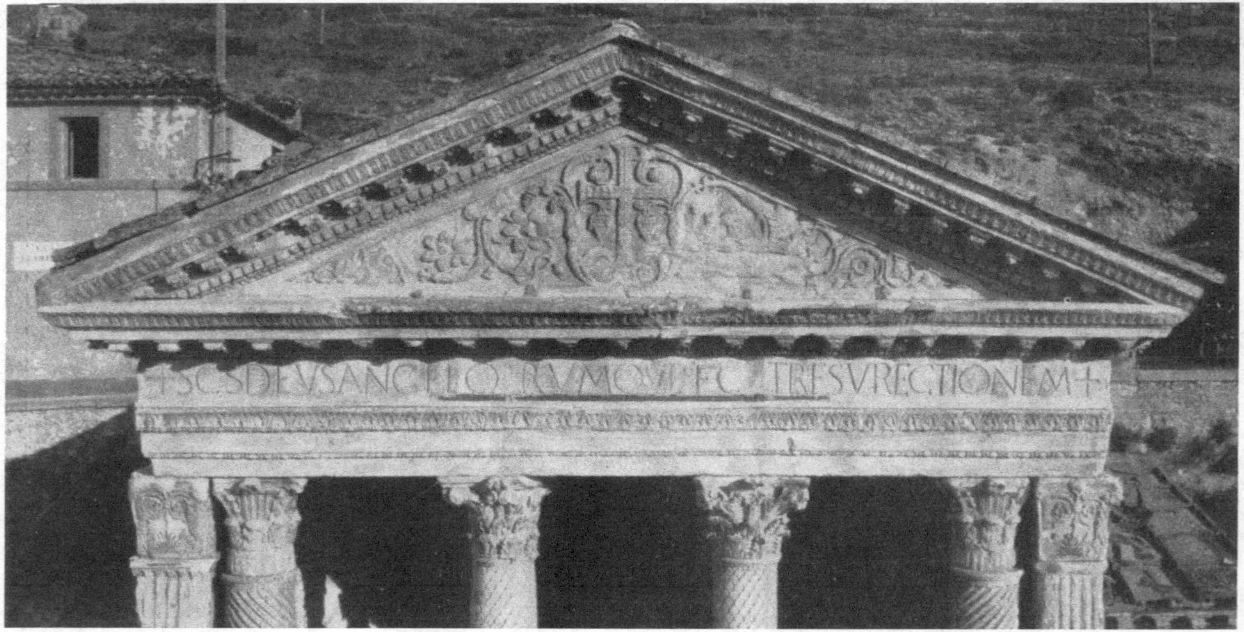

Abb. 21 Campello bei Spoleto. Giebelfeld des sogenannten Clitumnustempels

sance im wesentlichen begründet ist in dem Anknüpfen Karls des Großen an hervorragende Bauwerke der Ostgotenzeit. Die oft hervorgehobene Übereinstimmung des Münsters in Aachen mit dem noch unter Theoderich begonnenen Zentralbau von S. Vitale in Ravenna bietet das bekannteste Beispiel für diese immer wieder zu beobachtende Erscheinung. Der große Franke hat in der Kunst wie in der Politik bewußt das Erbe des Ostgotenkönigs übernommen und seine Gedanken in jeder Weise zu Ende geführt.

Ein weiteres Bauwerk, dessen Zuweisung zu den umstrittensten Fragen der Kunstgeschichtsforschung gehört, soll hier anschließend noch kurz behandelt werden, weil uns scheint, daß nur eine Datierung in die Ostgotenzeit seiner singulären Stellung wirklich gerecht zu werden vermag, der sogenannte „Tempel des Clitumnus" bei Spoleto (Abb. 19/21). Goethe hat den Eindruck, den er von dieser „wunderlichen Kapelle" an der Via Flaminia empfing, in die Worte zusammengefaßt, er halte sie nicht für den Rest eines antiken Tempels, man habe vielmehr bei ihrer Errichtung „Säulen, Pfeiler und Gebälke gefunden und zusammengeflickt" und hat damit das wesentlichste Kennzeichen dieses Baues, die Spolienverwendung, ebenso treffend hervorgehoben wie seinen bei aller Übernahme klassisch-antiker Bau- und Ornamentformen doch gänzlich unantiken Charakter. Schon diese beiden Grundmerkmale aber entsprechen, wie bereits gezeigt werden konnte, genau der in den Edikten Theoderichs immer wieder sichtbar werdenden Grundtendenz, nicht benutzten antiken Bauresten in Neubauten ihren alten Glanz wiederzugeben und dabei so zu verfahren, daß sie in ihrem Aussehen völlig den Werken der klassischen Zeit gleichen sollten (ut ab opere veterum sola distet novitas fabricarum; Variae 7, 5). Dazu kommt, wie schon W. Hoppenstedt gezeigt hat, daß uns einerseits langobardische Weiterbildungen der Ornamentik des Giebelfeldes bekannt sind, während sie andererseits in den ebenfalls der Ostgotenzeit angehörenden Ranken der Türstürze von S. Crocefisso in Spoleto ihren Ursprung und in ravennatischen Rankenfriesen der Gotenzeit ihre nächsten Verwandten hat (Abb. 23), wozu vor allem auch an das Rankenornament im Tympanon der Mittelarkade des Palastreliefs von S. Apollinare erinnert werden darf. Schon aus diesen Tatsachen ergibt sich ein starker Hinweis auf die Entstehung des Bauwerks am Clitumnus während der Zeit der gotischen Herrschaft in Italien. Eine Reihe von Einzelmotiven verweist in die gleiche Richtung. So ist beispielsweise das Schuppenornament der Mittelsäulen typisch für viele Arbeiten der

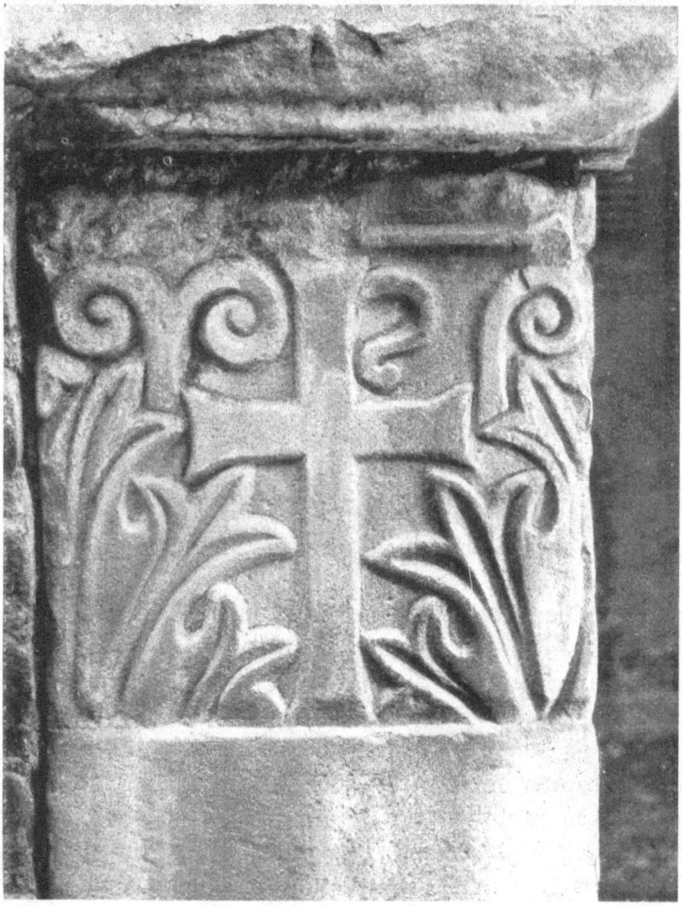

Abb. 22 Ravenna, sog. Exarchenpalast.
Wiederverwendeter Pilaster vom Palast des Theoderich

Ostgotenzeit (Abb. 72); die gedrehten Säulen erfreuen sich in dieser Periode ebenso großer Beliebtheit wie das durch den angehängten Rho-Haken zum Christusmonogramm umgebildete lateinische Kreuz (Abb. 22), das Symbol der Weinranke (Abb. 14) und die Rankenornamentik überhaupt. Die vorgeschlagene Datierung kann daher als gut begründet gelten, zumal auch die in den Inschriften vorkommende SCS-Abbreviatur für das Wort Sanctus erst in der Gotenzeit aufzukommen scheint und sicher erst nach 500 gebräuchlich wird. Wir haben in diesem merkwür-

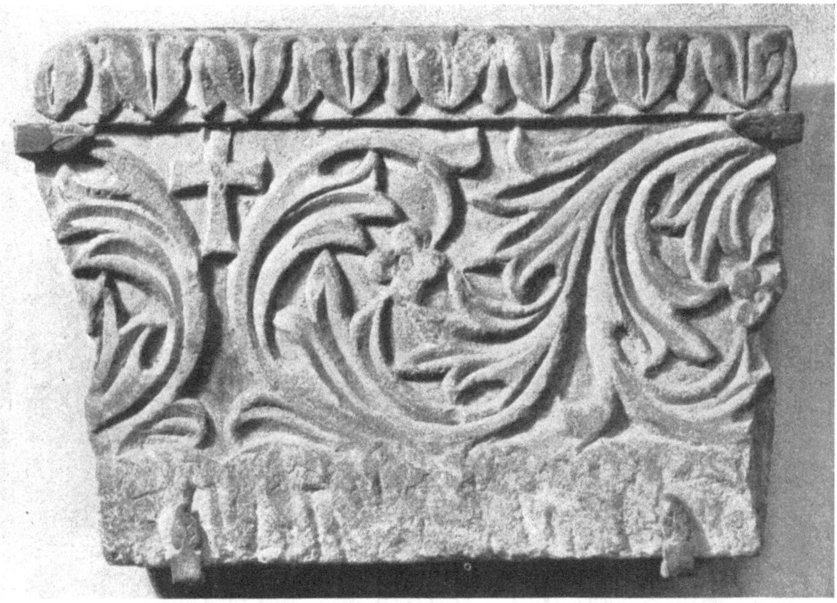

Abb. 23 Ravenna, R. Museo Nazionale.
Bruchstück eines Rankenfrieses aus der Ostgotenzeit

digen Bauwerk zweifellos ein typisches Erzeugnis der durch Theoderich herbeigeführten „römischen Renaissance" zu erblicken. Und zwar handelt es sich offenbar um einen Grabbau, der in der ersten Hälte des sechsten Jahrhunderts unter Wiederverwendung antiker Baureste errichtet worden ist.

Danach bleibt nur noch jenes Bauwerk der Gotenzeit zu behandeln, von dem schon Ferdinand Gregorovius gesagt hat, es sei „das Grabmal der römischen Kunst und Literatur, der Wissenschaft und Kultur überhaupt, welche Theoderich und seine Tochter zum letztenmal schützten und erhielten", das Grabmal des Theoderich (Abb. 24/27). Seine Erbauung durch den Gotenkönig ist unbezweifelbar, da sie sowohl von dem nur zwei Jahrzehnte nach dem Tode des Gotenkönigs schreibenden Anonymus Valesianus wie von dem schon mehrfach zitierten ravennatischen Presbyter Agnellus ausdrücklich bezeugt ist. Wer die Edikte des Gotenkönigs mit ihren bis in die Einzelheiten gehenden Vorschriften über die Ausgestaltung seiner Bauten wirklich kennt, wird ebensowenig daran zweifeln, daß der Gedanke einer Überwölbung des Denkmals durch einen einzigen giganti-

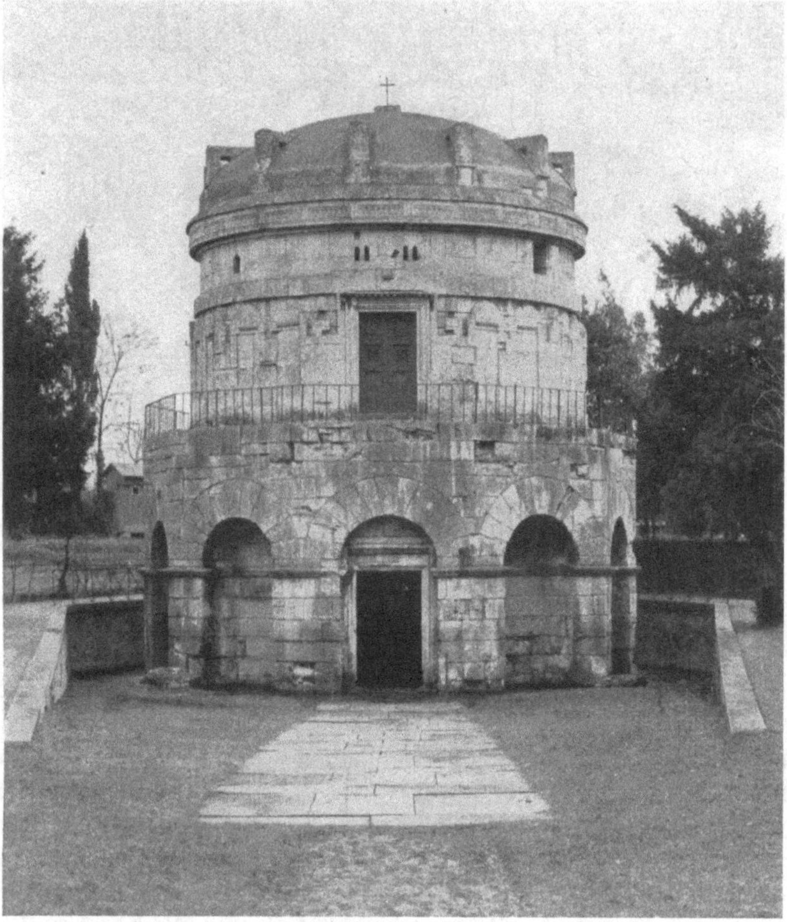

Abb. 24 Ravenna. Das Grabmal Theoderichs des Großen

schen Felsblock von Theoderich selbst stammt, wie überhaupt Planung und Form dieses Baues weitgehend durch ihn bestimmt zu sein scheinen. Ebenso sicher ist, daß Theoderich hier wirklich beigesetzt war, und auch der Porphyrsarkophag, von dem Agnellus im neunten Jahrhundert noch wußte, daß er einst seine sterblichen Reste umschlossen hat, ist nach mannigfachen Irrfahrten neuerdings an seinen alten Platz im Obergeschoß unter der Kuppel zurückversetzt worden.

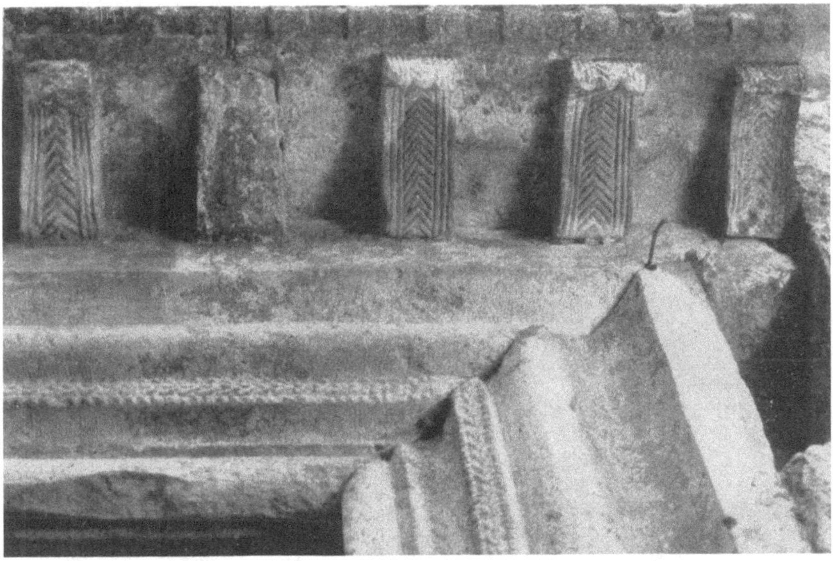

Abb. 25 Ravenna.
Konsolen des Türsturzes am Grabmal Theoderichs des Großen

Es ist hier nicht der Ort, auf die zahlreichen baugeschichtlichen Fragen einzugehen, die mit dem Grabmal verbunden sind. Nur soviel sei gesagt, daß auch bei seiner Errichtung die gleichen Gedanken maßgebend gewesen zu sein scheinen, welche die Baukunst des Gotenkönigs sonst leiteten. Die Erinnerung an das Grabmal, des Hadrian und andere antike Rundgräber steht ohne Zweifel gedanklich hinter diesem Bau, den Gregorovius mit Recht als ein „letztes Monument römischer Formen" bezeichnet hat. Aber der König war Germane und so kam bei seinem Grabmal in merkwürdigem Anachronismus, zugleich jedoch auch als großartiges Zeugnis für die ewige Macht des Blutes, in der megalithischen Baugesinnung ein Urinstinkt seiner Rasse zum Durchbruch, als er jenen gewaltigen Felsblock suchen ließ, der sein Grab in der gleichen Weise überwölben sollte, in der einst die Gräber seiner fernen Vorfahren im hohen Norden bekrönt worden waren.
Der Bau war in den Einzelheiten noch nicht fertig, als Theoderich am 30. August 526 starb. Nach den Ergebnissen der neuesten Forschung ist er auch in der Folgezeit stets unvollendet geblieben — Sinnbild des Werkes seines Erbauers und Mahnmahl an das tragische Geschick eines Vol-

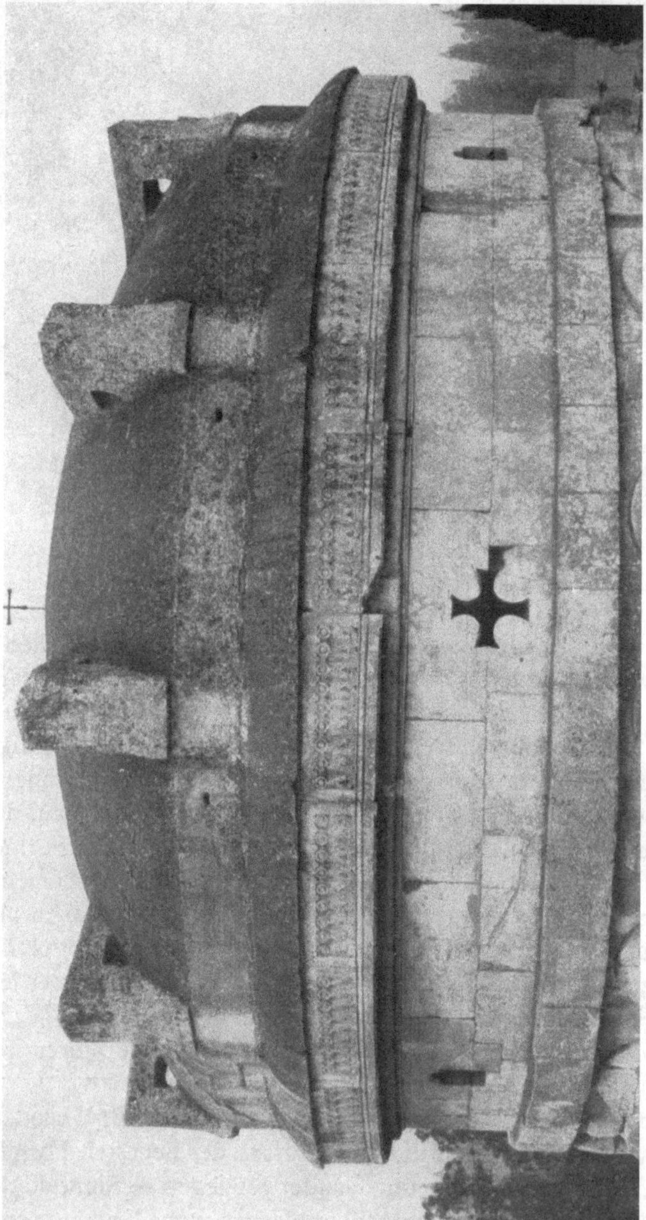

Abb. 26 Ravenna. Die Kuppel am Grabmal Theoderichs des Großen

kes, dessen Königsstadt schon vierzehn Jahre nach dem Tode seines größten Führers für immer verloren war.
So endet die Geschichte der Baukunst der Gotenzeit in einem Denkmal von erhabener Größe. Denn wenn Kunst wirklich eine Sublimierung und Steigerung des Lebens bedeutet, indem sie das Zeitgebundene ablöst durch das zeitlos Gültige und in der gestalteten Form den Ewigkeitswert schafft, so ist das Grabmal des Gotenkönigs Kunst im letzten und höchsten Sinne. Da es im höchsten Maße Abbild und Wesensverkörperung seines Bauherrn ist, gelöst von den Fesseln menschlicher Vergänglichkeit und erhoben in die Sphäre des Absoluten und Ewigwirkenden. Das politische Werk des Gotenkönigs ist längst zerfallen — sein Grabbau aber wird auch weiterhin die Jahrhunderte überdauern und noch in ferner Zukunft zeugen von Macht und Größe seiner Persönlichkeit, von Ausmaß und Weite seiner Planungen wie von Glanz und Untergang seines Reiches. Um dem, der seine Sprache ganz zu verstehen weiß, zugleich Kunde zu geben vom Leben und Sterben eines germanischen Königs, der auf dem Umwege über Byzanz und Rom zuletzt doch wieder heimzufinden gewußt hat in die nordische Heimat seiner Ahnen.

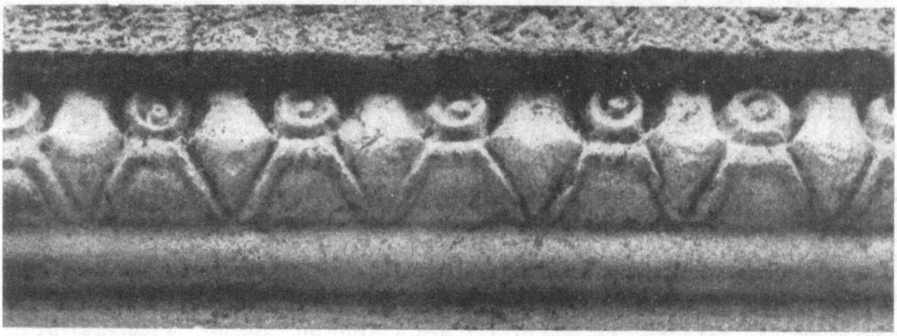

Abb. 27 Ravenna. Verzierung der Rundstäbe an den Flachnischen des Theoderichgrabmals

2. ABSCHNITT

BILDNISSE UND DENKMÄLER

Es gehört zu den Merkwürdigkeiten der ikonographischen Forschung, daß sie es bis heute nie unternommen hat, die Bildnisse zusammenzustellen, die uns von den Königen und Königinnen des ostgotischen Volkes aus den sechs Jahrzehnten ihrer Herrschaft in Italien erhalten geblieben sind. Merkwürdig deshalb, weil gerade diese Epoche Führerpersönlichkeiten aufzuweisen hatte, deren einmalige Größe schon von ihren Zeitgenossen und selbst von ihren Feinden anerkannt worden ist; doppelt merkwürdig, weil die alles überragenden Gestalten der germanischen Volkskönige, von denen die Geschichte seit dem ersten Auftreten der Germanen immer wieder zu berichten weiß, von wenigen Ausnahmen abgesehen in der Ostgotenzeit zum ersten Male wirklich greifbar werden, Fleisch und Blut annehmen und uns so eine lebendige Vorstellung von Art und Aussehen der Menschen jener Zeit vermitteln. Wenn dabei eine großplastische Bildüberlieferung in der Regel nicht vorhanden ist, so bedeutet das zwar eine schmerzliche Lücke in unserem Denkmälerbestand, beweist aber keineswegs auch die Unersetzbarkeit der fehlenden Unterlagen, da eine entsprechend genauere Auswertung der in der Kleinkunst erhalten gebliebenen Darstellungen diese Lücke bis zu einem gewissen Grade auszufüllen und besonders im Zusammenwirken mit der schriftlichen Überlieferung einen wesentlichen Beitrag zur Vertiefung unseres

Wissens um die großen Gestalten jener schicksalschweren Jahrzehnte zu erbringen vermag.
Aus den im Schrifttum der Gotenzeit gegebenen Hinweisen läßt sich nämlich schließen, daß der Grund für dieses Fehlen der monumentalen Bildüberlieferung ausschließlich in den ungemein schlechten Erhaltungsbedingungen zu suchen ist, die für alle Bildnisse von Angehörigen des ostgotischen Volkes gleichermaßen vorausgesetzt werden müssen. Der Untergang der gotischen Herrschaft bedeutete, wie wir aus gelegentlichen Äußerungen der antiken Schriftsteller und anderen Anzeichen entnehmen können, regelmäßig auch das Ende dieser Darstellungen. So erzählt Procop in seiner Geschichte des Gotenkrieges von Rusticiana, der Tochter des auf Befehl Theoderichs hingerichteten Symmachus ausdrücklich, sie habe nach der Einnahme Roms durch die Byzantiner τὰς Θευδερίχου εἰκόνας zerstört und dadurch den besonderen Zorn der Goten auf sich geladen, so daß es bei der Rückeroberung der Stadt im Jahre 546 nach Christus der ganzen Autorität des Baduila (Totila) bedurfte, um eine blutige Vergeltung dieser Handlungsweise zu verhindern. Einen vielleicht noch nachdrücklicheren Beweis für die planmäßige Austilgung aller Erinnerungen an die gotische Herrschaft bietet das schon erwähnte Palastmosaik von S. Apollinare Nuovo in Ravenna (Abb. 3), auf dem einst Theoderich mit seinem Gefolge dargestellt war. Als der Erzbischof Agnellus (553—566) noch zu Lebzeiten Justinians diese ehemals arianische Hofkirche dem katholischen Kult neu weihte, wurde der gesamte in den Bogenstellungen angebrachte figürliche Schmuck des Palastmosaiks beseitigt und durch die jetzt in den Interkolumnien sichtbaren Vorhänge ersetzt. Die auf einem Teil der Säulen stehengebliebenen Hände bezeugen noch heute unwiderleglich die Rücksichtslosigkeit, mit der auch in diesem Falle die Spuren der verhaßten Fremdherrschaft sofort nach ihrer Beendigung beseitigt wurden. Der Tatbestand aber, der in den beiden angeführten Beispielen sicher nachgewiesen werden kann, dürfte sich bei vielen anderen Denkmälern wiederholt haben, ohne daß uns besondere Nachrichten davon erhalten geblieben sind. Dazu kommt schließlich noch, daß auch in den Fällen, in denen eine bewußte Zerstörung nicht angenommen werden darf, der natürliche Verfall der Denkmäler infolge des fast zwei Jahrzehnte hindurch andauernden Krieges mit Byzanz und der dadurch geschaffenen politischen Lage sich viel stärker als sonst ausgewirkt haben muß — die ausführliche Erzählung, die uns Procop von dem allmählichen Verfall des Mosaikbildes Theode-

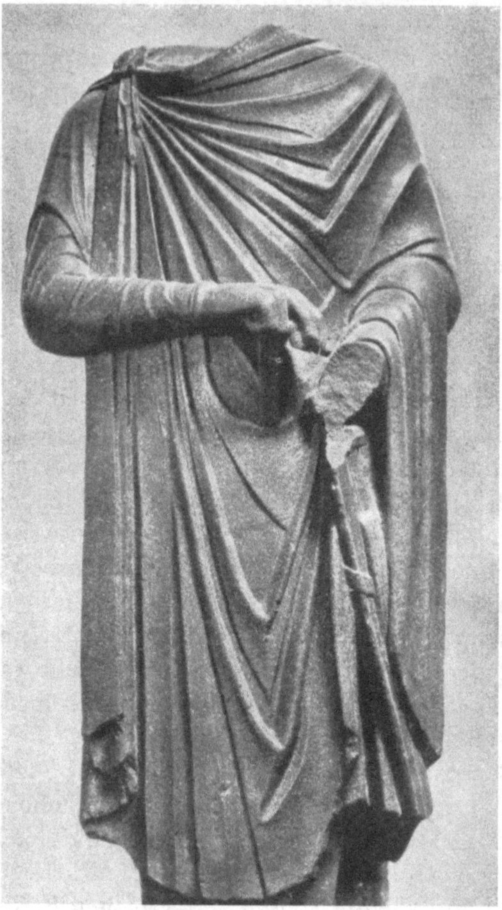

Abb. 28 Ravenna, Palazzo Vescovile. Spätantike Porphyrstatue

richs auf der Agora in Neapel hinterlassen hat (Bellum Gothicum 5, 24, 22), zeigt darüber hinaus mit voller Deutlichkeit, wie wenig selbst in der Zeit der noch bestehenden Gotenherrschaft für die Erhaltung und Wiederherstellung der zeitgenössischen Bildnisse getan werden konnte. Andererseits aber muß die Existenz einer auf die Amaler bezogenen monumentalen Bildüberlieferung schon durch die bisher angeführten Tatsachen in vollem Umfang als erwiesen gelten — wenn etwa Procop in der erwähnten Äußerung schlechthin von „den Bildnissen des Theoderich"

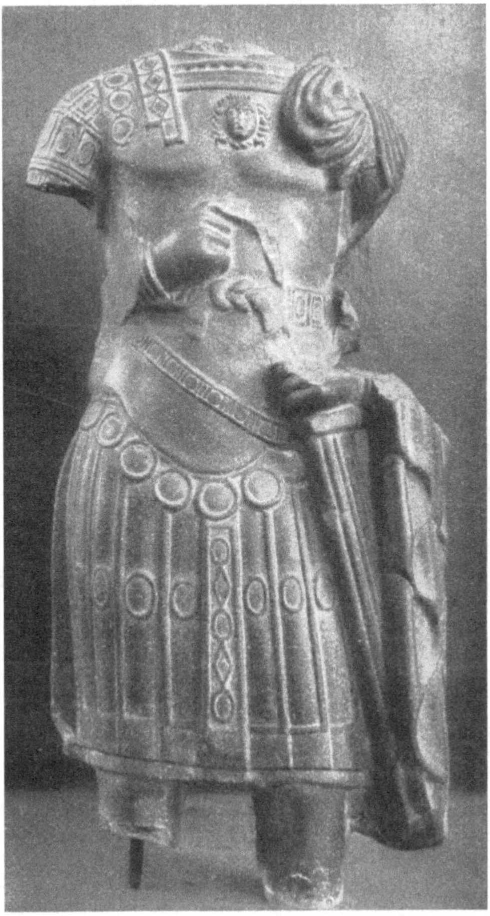

Abb. 29 Turin, R. Museo Archeologico. Spätantike Panzerstatue

spricht, so besagt das unmißverständlich, daß es deren in Rom wie anderwärts eine ganze Anzahl gegeben hat. Für Rom, Neapel, Pavia und Ravenna sind uns zudem bildliche Darstellungen des Gotenkönigs schriftlich bezeugt und in den gröbsten Zügen beschrieben, wodurch es möglich wird, von ihrem Aussehen wenigstens eine oberflächliche Vorstellung zu gewinnen. So zeigte beispielsweise das bereits erwähnte Mosaik in Neapel Θευδερίχου τοῦ Γότθων ἄρχοντος εἰκὼν ... ἐκ ψηφίδων τινῶν ξυγκειμένη, μικρῶν μὲν ἐς ἄγαν, χρομαῖς δε βεβαμμένων σχεδόν τι

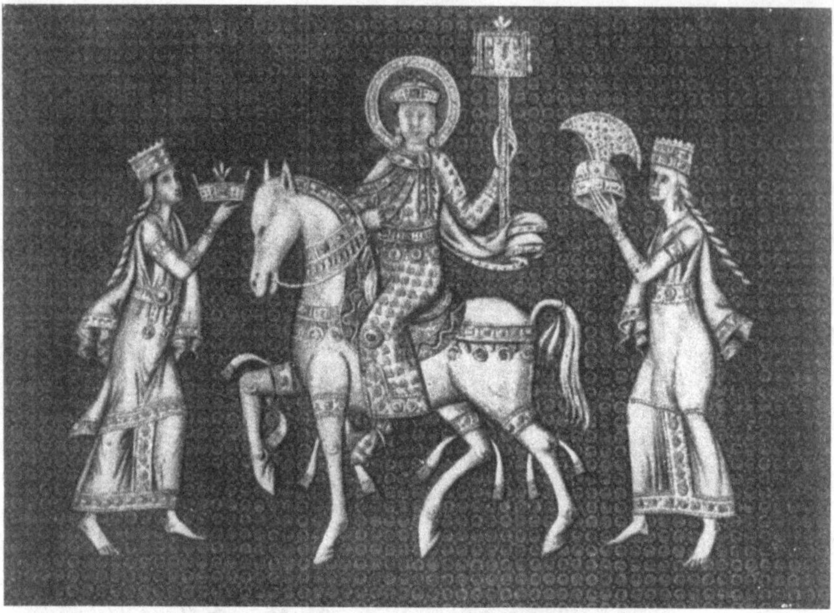

Abb. 30 Bamberg, Domschatz. Dreifigurengruppe auf einem Stoffrest aus dem Grabe des Bischofs Günther von Bamberg

ἀπάσαις (ein Bildnis des Gotenherrschers Theoderich, aus winzigen Steinchen fast aller Farben zusammengesetzt). Aus der weiteren Beschreibung geht hervor, daß es sich um eine Darstellung gehandelt haben muß, die den Gotenkönig stehend in ganzer Figur zeigte und die man sich daher wohl ungefähr in der Art des Justinianmosaiks von S. Vitale (Abb. 41) zu denken hat. Über Einzelheiten wie Haltung und Attribute gibt die Beschreibung des Procop leider keine Auskunft, so daß in dieser Hinsicht bei dem Neapeler Mosaik über mehr oder weniger unsichere Vermutungen nicht hinauszukommen ist.

Im übrigen aber darf zu den nach der erwähnten Procopstelle ebenfalls vorauszusetzenden großplastischen Denkmälern, unter denen uns ein durch den Senat errichtetes Standbild des Theoderich auch anderweitig bezeugt ist (S. Isidori Episcopi Historia Gothorum 39), an eine in das fünfte Jahrhundert gehörende Gruppe von stilistisch eng miteinander verwandten Porphyrwerken erinnert werden, die als Vorbilder für derartige Denkmäler unmittelbar in Frage kommen. Verwiesen sei hier vor allem

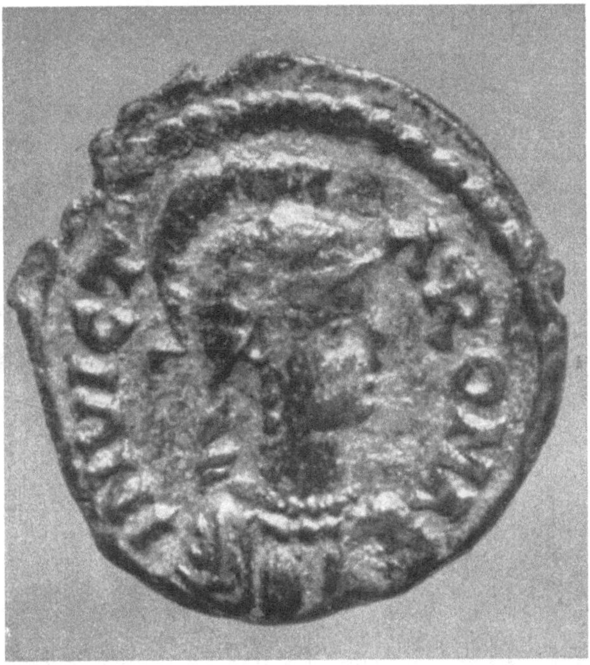

Abb. 31 Rom, Thermenmuseum.
Darstellung der Roma auf einer ostgotischen Münze

auf die Typen der Chlamysstatuen in Ravenna, Berlin und Wien (Abb. 28), sowie auf die bekannte Panzerstatue in Turin (Abb. 29), alles Arbeiten, an welche sich die literarisch überlieferten Standbilder des Theoderich in der Formgebung auf das Engste angeschlossen haben dürften. Daß dabei gerade mit Panzerstatuen römischer Typen in der Gotenzeit zu rechnen ist, zeigt die Wiedergabe eines den Athalarich darstellenden Standbildes dieser Art auf ostgotischen Münzen, von denen weiter unten noch zu reden sein wird (Abb. 55), wie andererseits die Chlamysstatue von Ravenna klar beweist, daß die zum großen Teil aus Ägypten stammende Gruppe auch im Westreich vertreten und ursprünglich vielleicht sogar in ihrer Gesamtheit für Italien bestimmt war. Die Annahme eines starken Einflusses der in ihr vertretenen statuarischen Typen auf die Standbilder der Ostgotenzeit ist daher in der Tat nicht von der Hand zu weisen, wenn sie sich auch bisher noch nicht durch Einzelfälle belegen und damit völlig sicherstellen läßt.

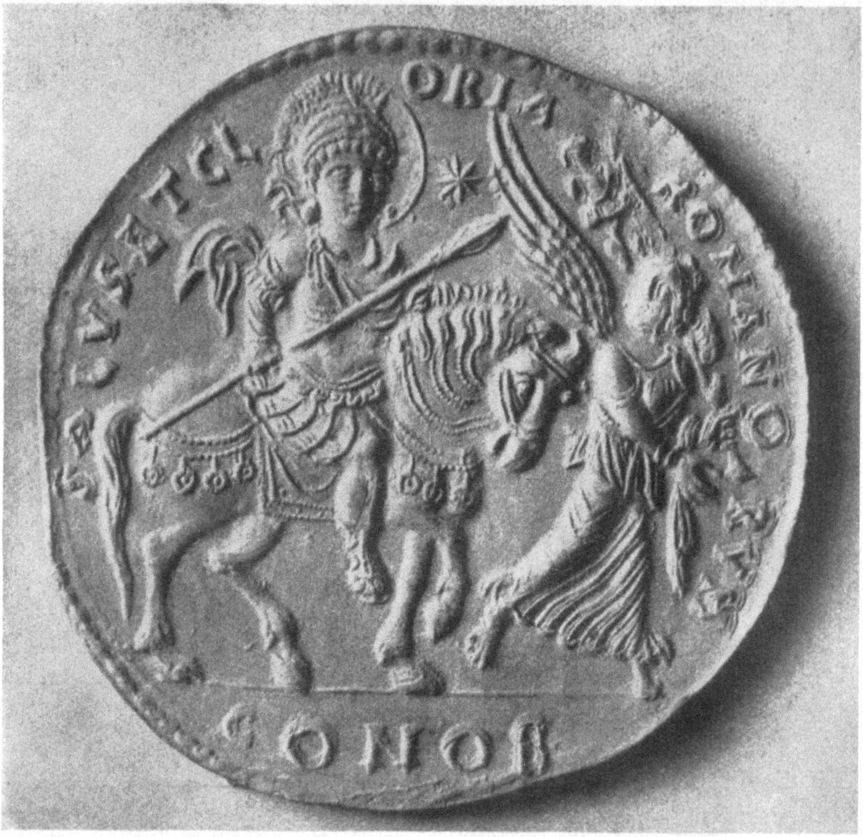

Abb. 32 Reiterbildnis des Justinian von einem Goldmedaillon

Etwas besser unterrichtet sind wir über zwei einander weitgehend entsprechende Mosaikbildnisse des Theoderich, die sich in den königlichen Palästen zu Ravenna und Pavia befanden und aller Wahrscheinlichkeit nach auf ein gemeinsames statuarisches Vorbild zurückzuführen sind. Agnellus gibt uns nämlich eine ausführliche Schilderung dieser Bildnisse, aus der hervorgeht, daß der Gotenkönig in Pavia *super equum sedens* dargestellt war und daß sich im Triclinium des Königspalastes von Ravenna *quod ipse haedificavit* ein ähnliches Bildnis befand, *mire tessellis ornata, dextera manu lanceam tenens, sinistra clipeum, lorica indutus. Contra clipeum Roma tessellis ornata adstabat cum hasta et galea; unde vero telum tenens fuit, Ravenna tessellis figurata, pedem dexterum super mare, sinistrum*

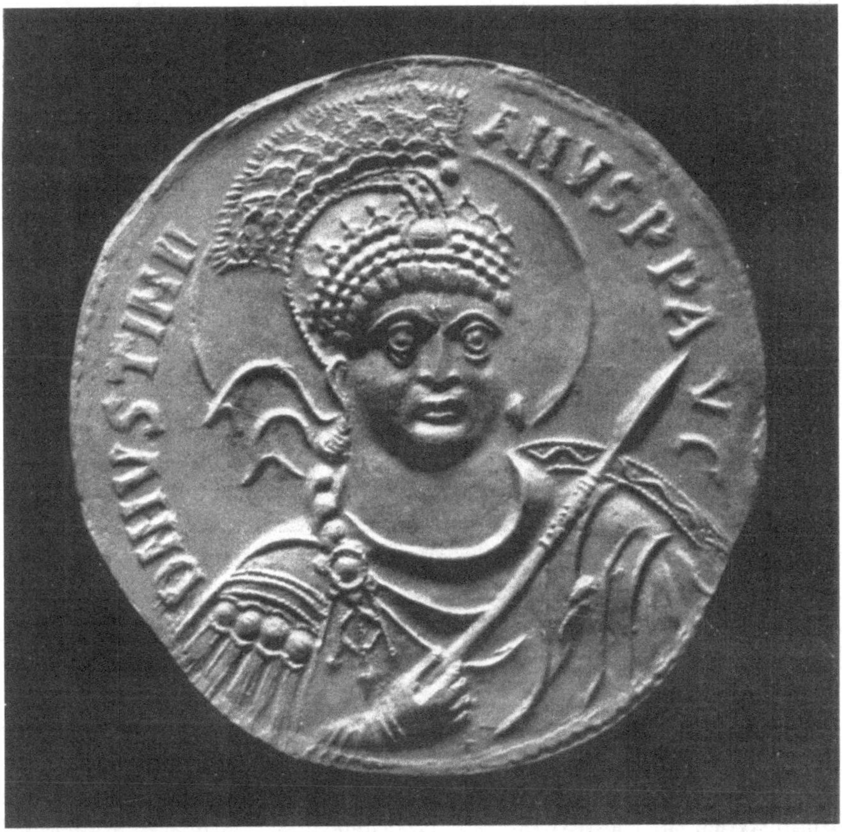

Abb. 33 Bildnis des Justinian von einem Goldmedaillon

super terram ad regem properans (. . . in der Rechten hielt er die Lanze, in der Linken den Schild und trug einen Panzer. Auf der Schildseite stand, in Mosaiktechnik, Roma mit Speer und Helm. Gegenüber eilte, ebenfalls in Mosaiktechnik, Ravenna auf den König zu, den rechten Fuß auf das Meer, den linken auf die Erde setzend).

Diese Beschreibung legt den Gedanken nahe, daß die ihr weitgehend entsprechende figürliche Dreiergruppe eines aus dem Grabe des Bischofs Günther von Bamberg stammenden Stoffrestes im dortigen Domschatz (Abb. 30), einer Darstellung also, die spätestens in den Anfang des elften Jahrhunderts datiert werden kann, wegen ihres ganz gleichartigen Aufbaus von den erwähnten Mosaiken noch immer direkt oder indirekt abhängig ist und uns auf diese Weise einige Rückschlüsse auf ihr ursprüngliches Aussehen ermöglicht. Aus Darstellungen auf Münzen der Ostgotenzeit (Abb. 31) läßt sich ferner entnehmen, welchem Typus die behelmte Roma der beiden Mosaiken etwa angehört haben mag. Demen tsprechend trug die Personifikation der „Felix Ravenna" wahrscheinlich die auch auf den Münzbildern erscheinende Mauerkrone und war vermutlich in langer, bis auf die Knöchel herabfallender Gewandung dargestellt, schloß sich also an den griechisch-römischen Typus der Stadtgöttin an.

Das auf diesen Mosaiken wiedergegebene Reiterbildnis des Theoderich selbst aber folgte offenbar wieder auf das Engste einem bekannten Statuentypus der Spätantike, von dem unten noch eingehender zu reden sein wird und dessen Spiegelungen uns in Denkmälern der Kleinkunst wie etwa der Reiterstatue des berühmten, heute leider verlorenen Goldmedaillons des Justinian (Abb. 32) erhalten geblieben sind. Die Darstellung des Kaisers auf der Vorderseite dieses Medaillons (Abb. 33), die trotz der wohl aus Kompositionsgründen etwas abweichend wiedergegebenen Haltung des rechten Armes als eine Art Teilausschnitt aus dem Reiterbildnis der Rückseite angesehen werden muß, zeigt in der Ergänzung durch den über der linken Schulter sichtbar werdenden Schildrand eine auffallende Verwandtschaft des Darstellungsschemas mit dem von Agnellus für die Mosaiken in Pavia und Ravenna beschriebenen Bildtypus und läßt sich daher für seine Rekonstruktion ebenfalls mitverwerten.

Wenn schon bei diesen Arbeiten ein enges Anknüpfen der gotischen Bildnistypen an die oströmische Überlieferung deutlich sichtbar wird, so offenbart sich die in den beiden ehemaligen Reichshälften auch zur Gotenzeit noch bestehende Einheitlichkeit des bildnerischen Schaffens mit voller Klarheit an einem bezeichnenden Beispiel der statuarischen Kunst, dem durch Agnellus und Valafrid Strabo ausführlich beschriebenen Reiterdenkmal des Theoderich in Ravenna. Dieses weit überlebensgroße Standbild war aus vergoldeter Bronze (*ex aere factus* und *auro ornatus*); es zeigte den Gotenkönig aufrecht zu Pferde sitzend, wie er „*scutums sinistro gerebat humero, dextero vero brachio erecto lanceam tenens*", den Schild über der linken Schulter trug und in der erhobenen Rechten die Lanze hielt. Schon die damit gegebene Charakterisierung genügt, wie J. Kollwitz gezeigt hat, um auch dieses Denkmal in den Umkreis jenes bereits erwähnten oströmischem Statuentypus des vierten und fünften Jahrhunderts zu verweisen, der uns in seinen verschiede-

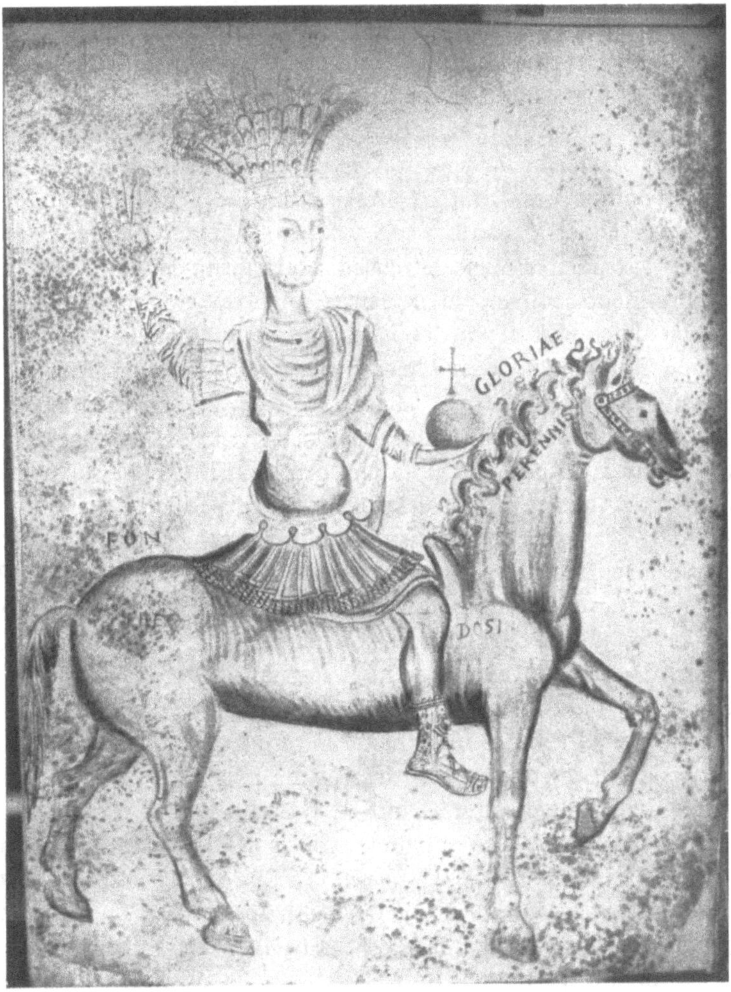

Abb. 34 Darstellung einer Reiterstatue des Justinian in Konstantinopel

nen Abwandlungen außer durch wiederholte Beschreibungen im antiken Schrifttum und zahlreiche Nachbildungen in der Kleinkunst vor allem durch die in Abbildung 34 wiedergegebene, einem aus Konstantinopel stammenden Codex der Budapester Universitätsbibliothek entnommene Handzeichnung gut bekannt ist. Diese ein Reiterdenkmal des Justinian auf dem Augusteum in Konstantinopel wiedergebende Darstellung zeigt den Kaiser genau in der Haltung, die nach der oben angeführten Schilderung für das Standbild des Theoderich vorausgesetzt werden muß, so daß sich bei Ergänzung der in der erhobenen Rechten anzunehmenden Lanze, Ersetzung des in der Linken gehaltenen Globus durch den Schild und Entfernung der wohl auch bei dem justinianischen Reiterbildnis als mittelalterliche Zutat wegzudenkenden Federkrone eine durchaus lebendige Vorstellung vom Aussehen des Theoderichdenkmals ergibt. Die Notiz des Jordanes, nach welcher schon der Kaiser Zeno dem Gotenkönig nach dem Bulgarenkrieg in Konstantinopel ein Reiterstandbild errichtet haben soll, erscheint danach keineswegs so unglaubhaft wie gelegentlich angenommen worden ist, zumal selbst Agnellus noch die ravennatische Reiterstatue des Theoderich mit Zeno in Verbindung zu bringen versucht, wobei er sich allerdings über die ursprünglichen Zusammenhänge offenbar nicht mehr ganz im Klaren ist. Auch das Schweigen der späteren konstantinopolitanischen Schriftquellen über dieses Denkmal bildet keinen stichhaltigen Beweis gegen die zweifellos aus guter Quelle, wahrscheinlich aus der Gotengeschichte des Cassiodor stammende Nachricht des Jordanes, da es sich leicht mit der nach Ausbruch der Feindseligkeiten sicher erfolgten Umbenennung oder Entfernung des Standbildes erklären läßt. Denkbar wäre jedoch auch, daß es einfach identisch ist mit dem später für Ravenna bezeugten Reiterstandbild des Gotenkönigs, von dem dann allerdings angenommen werden müßte, daß es zu einem uns nicht näher bekannten Zeitpunkt — in Frage käme etwa die Übersendung der „ornamenta palatii" an Theoderich im Jahre 498 — im Einverständnis mit dem Kaiser von Byzanz nach Ravenna verbracht worden sei, genau so, wie Karl der Große es später im Jahre 801 als *pulcherrima imago, quam nusquam similem, ut ipse testatus est, vidit* (als ausnehmend schönes Standbild, dergleichen er, wie er selbst bezeugte, nie gesehen hatte) von Ravenna nach Aachen schaffen ließ, von wo es seitdem spurlos verschwunden ist. Nur die aus dem Dom zu Metz stammende Reiterstatuette Karls des Großen (Abb. 35), die nach einer oft geäußerten Vermutung auf den Typus dieses monumentalen Standbildes zurückgehen dürfte, gibt uns einen Begriff von den Nachwirkungen, die das bis in den nordischen Sagenkreis bekannt gewordene Denkmal des Ostgotenkönigs auch im germanischen Bereich ausgelöst hat.

Schließlich ist auch hier nochmals das Palastmosaik aus S. Apollinare Nuovo (Abb. 3) anzuführen, von dem oben bereits die Rede war. Die schon seit Jahrzehnten dringend gebotene und immer wieder geforderte

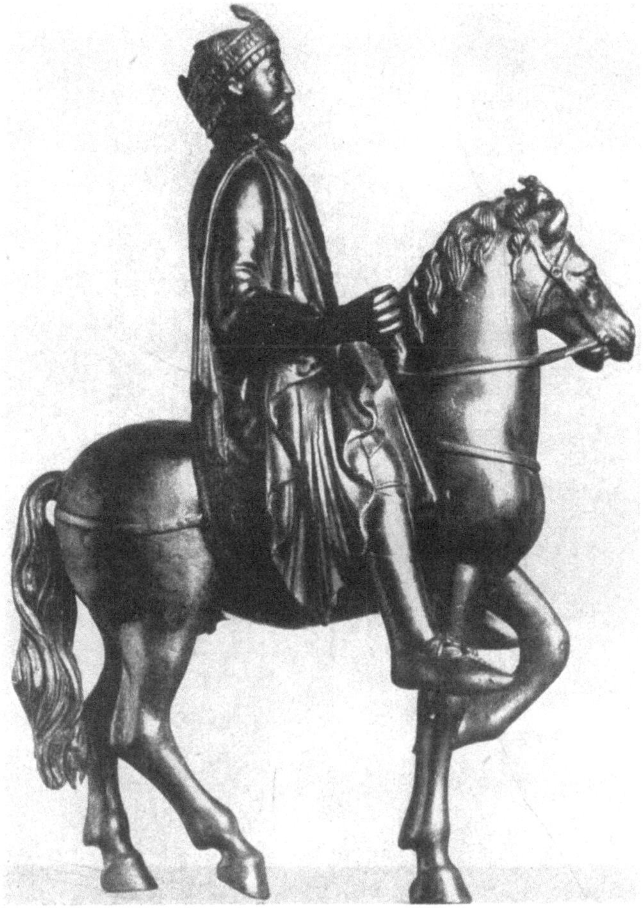

Abb. 35 Reiterstatuette Karls des Großen aus dem Dom zu Metz

Neuuntersuchung der Interkolumnien ist leider bis auf weiteres unmöglich — angesichts der Tatsache, daß sich selbst auf den Photographien noch die Köpfe der in den Seitennischen einst dargestellt gewesenen Figuren deutlich erkennen lassen, darf jedoch angenommen werden, daß ihre Durchführung für eine Rekonstruktion des ursprünglichen Zustandes Ergebnisse von hervorragender Wichtigkeit erbringen würde. Die Frage, ob innerhalb der Rundbogen wirklich Reste der ersten Steinsetzungen erhalten geblieben sind, wie das immer wieder hartnäckig be-

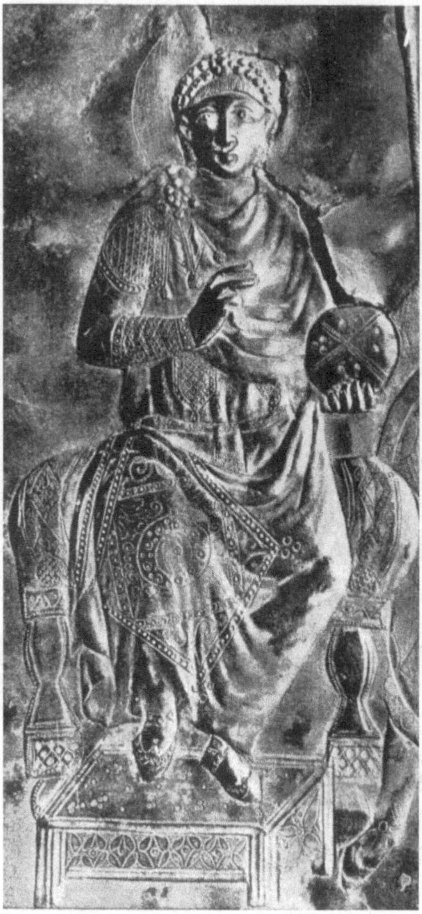

Abb. 36 Darstellung des Arcadius auf dem Missorium des Theodosius in Madrid

hauptet und ebenso nachdrücklich bestritten wurde, ist dabei nicht einmal von entscheidender Bedeutung — wesentlich ist allein die Feststellung, inwieweit die einzelnen Bildfelder in ihrem gegenwärtigen Zustand Rückschlüsse auf die ursprüngliche Komposition zulassen und damit geeignet sind zu einer Ergänzung der für die Wiederherstellung zur Verfügung stehenden Hilfsmittel. Daß die Frage nach der Möglichkeit einer solchen Rekonstruktion an sich unter allen Umständen bejaht werden muß, ist unbezweifelbar.

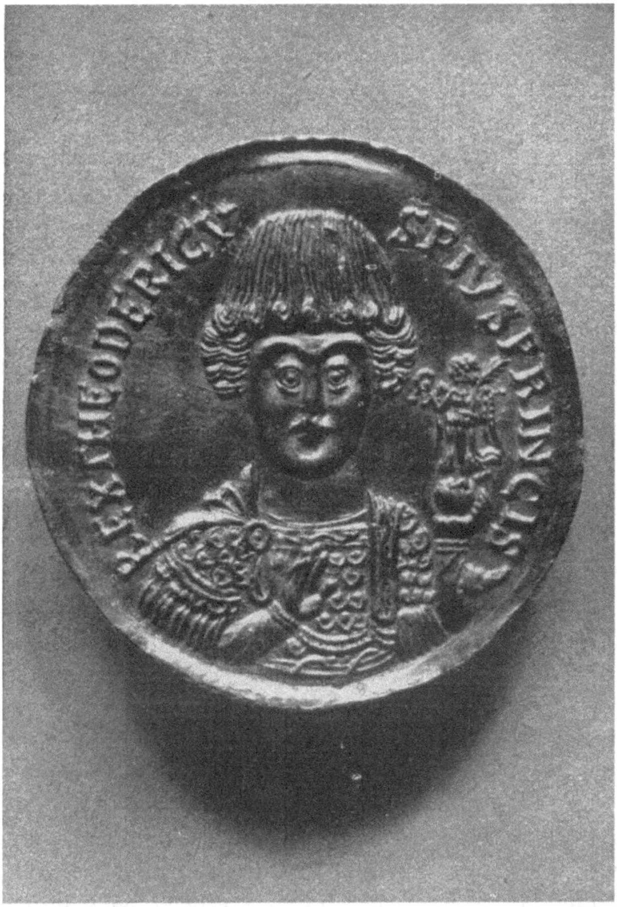

Abb. 37 Rom, Thermenmuseum.
Bildnis Theoderichs des Großen auf dem Goldmedaillon von Senigallia

Aus der Fülle der bildlichen Unterlagen, die uns eine genauere Vorstellung vom Aussehen der Mittelgruppe des Palastmosaiks zu geben vermögen und auf welche die Untersuchung unter den geschilderten Verhältnissen beschränkt werden muß, ist neben einigen anderen Denkmälern vor allem das bekannte, heute in Madrid aufbewahrte Missorium des Theodosius zu nennen, dessen Darstellungsschema mit dem der Mittelgruppe des ravennatischen Mosaiks recht genau übereinstimmt. Infolgedessen kann angenommen werden, daß der Gotenkönig diesem

Bildschema entsprechend in der Mittelporticus in voller Vorderansicht thronend dargestellt war (Abb. 36), während die übrigen Figuren nach Maßgabe der bei den verbleibenden Interkolumnien festzustellenden Breitenabmessungen und der von ihnen erhaltenen Reste offenbar sämtlich stehend wiedergegeben waren.
Dabei kommt uns nun für die Rekonstruktion des zentralen Bildnisses in der Darstellung Theoderichs auf dem Goldmedaillon von Senigallia im Thermenmuseum zu Rom (Abb. 37) zum ersten Male ein wirklich erhaltenes Porträt des Ostgotenkönigs zu Hilfe. Auch dieses Bildnis steht, wie ein Vergleich der in Abb. 36 wiedergegebenen Darstellung des Arcadius vom Missorium des Theodosius klar erkennen läßt, nach Typus und Stil völlig im Banne der oströmischen Überlieferung, so daß bei der totalen Übereinstimmung von Haltung, Gestus und Attributen nicht nur gefolgert werden muß, die Darstellung des Theoderich auf dem Palastmosaik von S. Apollinare Nuovo habe weitgehend der des Arcadius auf dem erwähnten Missorium entsprochen, sondern darüber hinaus auch eine direkte oder indirekte Abhängigkeit des Medaillonbildnisses von der musivischen Darstellung als wahrscheinlich anzunehmen ist. Das ursprüngliche Aussehen des Sitzbildes von S. Apollinare Nuovo kann damit im wesentlichen als geklärt gelten.
Das Porträt des Gotenkönigs auf dem Medaillon von Senigallia, das hier dank dem Entgegenkommen von Frau L. Cesano zum ersten Male in einer das Original zugrundelegenden Aufnahme H. Felbermeyers wiedergegeben werden kann, verdient indessen auch für sich allein eine ausführliche ikonographische Würdigung, da es außer den spärlichen Angaben im Panegyricus des Ennodius die einzige in vollem Umfang zuverlässige Grundlage für unser Wissen um das Äußere Theoderichs darstellt. Bestimmend ist dabei der Eindruck einer ungewöhnlichen Kraftfülle, zu dem die volle Rundung des Gesichts sowie die in dem plastischen Hervortreten der Jochbeine, der Brauenbögen und des Kinns sich anzeigende Starkknochigkeit und der kräftige Hals entscheidend beitragen. Die Bemerkung des Ennodius *statura est, quae resignet prolixitate regnantem* (es ist der Wuchs, der durch die Größe den Herrscher kennzeichnet) stellt also allem Anschein nach nicht nur eine rhetorische Wendung dar. Sie dürfte vielmehr den Tatsachen völlig entsprochen haben, da das auf dem Medaillon erscheinende Bildnis auch von sich aus eine Körperbildung von überdurchschnittlichem Format notwendig voraussetzt. Im übrigen wird der Ausdruck des Gesichtes beherrscht durch die großen,

weit offenen und eine schwere Lidbildung aufweisenden Augen, die auch der Panegyricus mit den Worten *vernant lumina serenitate continua* (es strahlen die Augen in gleichbleibender Heiterkeit) eigens hervorhebt und deren auffallend betonter Darstellung daher zweifellos ein besonderer Ausdruckswert beigemessen werden muß. Die für den Gotenkönig ausdrücklich erwähnte Hellhäutigkeit — *nix genarum habet concordiam cum rubore* (der Schnee der Wangen verbindet sich harmonisch mit der Röte) — ergänzt im Verein mit der nach diesen Worten anzunehmenden starken Durchblutung der Wangen diese Einzelzüge zu einem durchaus lebendigen Gesamtbild, das die berühmt gewordenen Worte des Ennodius *quod agunt in aliis dominis diademata, hoc in rege meo operata est deo fabricante natura* (was bei anderen Herrschern das Diadem, das bewirkt bei meinem König mit Gottes Hilfe die Natur) unmittelbar ins Gedächtnis ruft und beweist, daß auch in ihnen mehr als eine bloße Lobrednerei zu sehen ist — Theoderich muß wirklich schon seiner körperlichen Erscheinung nach das Bild einer überragenden Persönlichkeit geboten haben. Das gilt um so mehr, als auch diese Tatsache im Panegyricus direkt bezeugt wird durch die an den Gotenkönig selbst gerichteten Worte *Sed nec formae tuae decus inter postrema numerandum est, quando regii vultus purpura ostrum dignitatis inradiat* (doch ist auch die Zier deiner Gestalt nicht zum geringsten zu rechnen, wenn der Purpur des königlichen Antlitzes das Purpurgewand des Amtes durchleuchtet), in denen übrigens ein ebenso klarer Beweis dafür gegeben ist, daß Theoderich den Purpur als Abzeichen königlicher Würde wirklich getragen hat, wie sie den starken Eindruck seiner äußeren Erscheinung unmittelbar widerspiegeln. Es ist kein Zufall, daß die in jeder Hinsicht weit überdurchschnittliche Führergestalt des großen Ostgoten die Sagenbildung der germanischen Stämme auf Jahrhunderte hinaus immer wieder beschäftigt und zu neuen Schöpfungen angeregt hat.

Was im übrigen zu dem vorliegenden Bildnis noch zu sagen ist, läßt sich in wenige Worte zusammenfassen. Der König trägt das gemeingermanische langärmelige Kittelgewand, das nach den uns bei den Schriftstellern der Zeit gelegentlich erhaltenen Schilderungen in der Regel aus weißer oder naturfarbiger Seide gefertigt war und abgesehen von der Materialverschiedenheit genau der bis in die Bronzezeit zurückverfolgbaren Tracht entsprochen haben dürfte, die uns auch bei römischen Germanendarstellungen immer wieder begegnet und im späteren Altertum sogar in die römische Soldatenkleidung übernommen worden ist (Abb. 38).

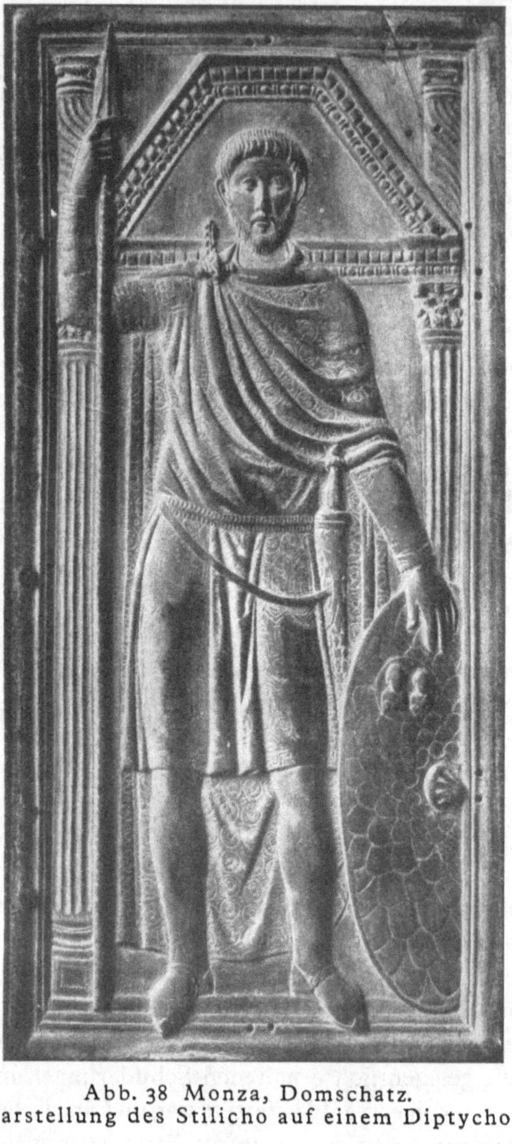

Abb. 38 Monza, Domschatz.
Darstellung des Stilicho auf einem Diptychon

Darüber erscheint ein Schuppenpanzer, wie er uns durch die ausführliche Beschreibung der von Baduila (Totila) vor der Schlacht von Taginae getragenen Rüstung durch Procop bezeugt ist; der Panzer bestand hier wie dort aus Gold oder einer stark vergoldeten Bronze und wurde ergänzt durch das edelsteinbesetzte Schwertgehänge, von dessen Aussehen uns außer der Turiner Panzerstatue (Abb. 29) zahlreiche Schilderungen ähnlicher Kleinode bei den Schriftstellern der Merovingerzeit eine genaue Vorstellung vermitteln. Ihre Vervollständigung erfuhr die Tracht dann weiter durch einen kurzen, vorn offenen und über der Brust mittels eines besonderen Verbindungsstückes zusammengehaltenen Umhang, der ebenfalls auf ein schon in der Bronzezeit bei den Germanen übliches Kleidungsstück zurückgeht und im vorliegenden Fall wohl purpurfarben zu denken ist, da der Dreiklang von weißer Seide, Gold und Purpur in den im Schrifttum erhaltenen Beschreibungen einzelner germanischer Könige der Völkerwanderungszeit als typisch hervorgehoben wird. Daß schließlich die in der Regel als Haupthaar aufgefaßten langen Strähnen der oberen Kopfpartie in Wirklichkeit zu einer abermals bis in die Bronzezeit zurückverfolgbaren, spezifisch germanischen Kopfbedeckung gehören, wird H. Fuhrmann demnächst ausführlich darlegen; es handelt sich um eine hohe Fellmütze, die durch einen nach allen Seiten gleichmäßig herabfallenden Haarbusch verziert zu denken ist. Auf die gotische Haartracht selbst wird später noch kurz zurückzukommen sein; hervorgehoben sei hier nur, daß es offenbar gotische Stammessitte war, bei glattrasiertem Gesicht einen kurzgeschnittenen Oberlippenbart zu tragen, wie er bei diesem Bildnis und einer Reihe anderer Gotendarstellungen (Abb. 58) nachgewiesen werden kann und für die Westgoten auch literarisch durch die bekannte Schilderung Theoderichs II. in einem Briefe des Sidonius Apollinaris ausdrücklich bezeugt ist.

Außer dem Medaillon von Senigallia aber ist uns, wie F. v. Lorentz vor einigen Jahren darzulegen vermochte, auch in einem wegen seiner Inschrift früher anstandlos als Darstellung des Justinian geltenden Mosaik von S. Apollinare Nuovo (Abb. 39) ein wenigstens in einzelnen Teilen noch den ursprünglichen Zustand zeigendes Bildnis des Theoderich erhalten geblieben. Zwar ist ihm ein ähnliches Schicksal widerfahren wie dem Palastmosaik, da es bei der katholischen Neuweihung der arianischen Hofkirche in ein Porträt des Justinian umgewandelt wurde; die vorgenommenen Änderungen sind jedoch noch weit nachlässiger erfolgt als dort und zwar in erster Linie wohl deshalb, weil die bei der erwähnten Umtaufe angebrachte Inschrift (DN) IUSTINIAN (US IMPERATOR) für sich allein schon völlig ausreichend erschien, um jeden Zweifel an der gewollten Bedeutung des Porträts von vornherein unmöglich zu ma-

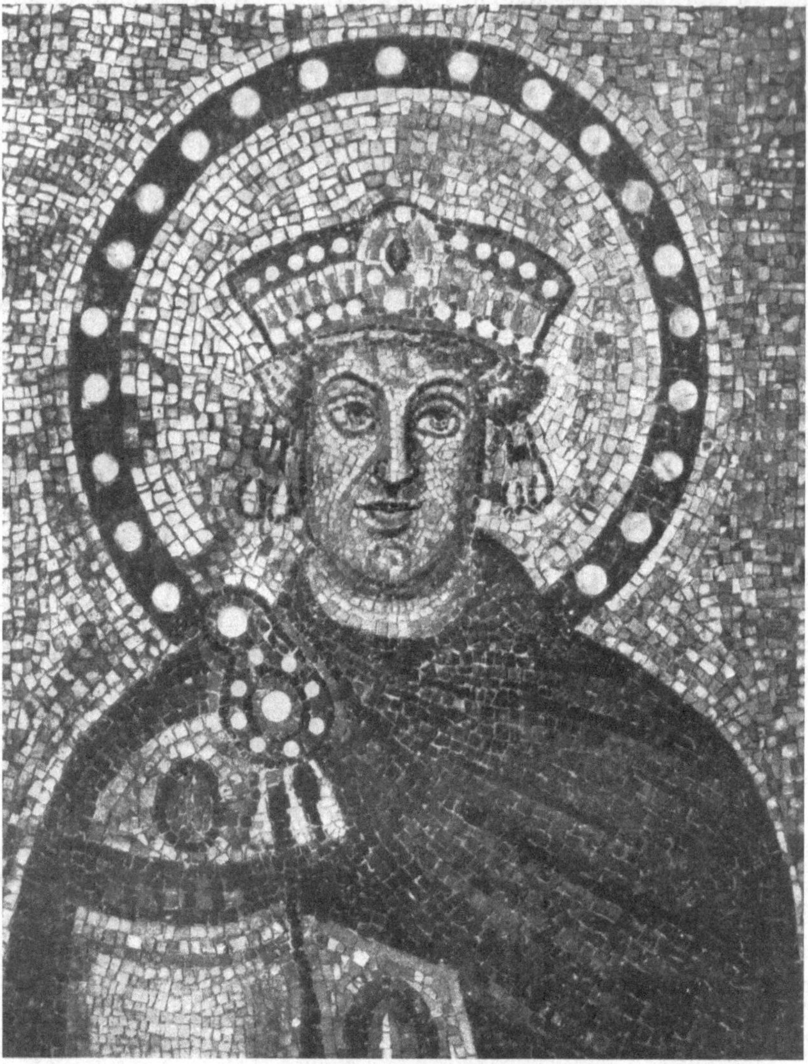

Abb. 39 Ravenna, S. Apollinare Nuovo.
Bildnis Theoderichs des Großen (sogen. Justinian)

chen. Zugleich aber müssen auch an dem Bildnis selbst erhebliche Eingriffe vorgenommen worden sein, von denen in erster Linie die an der linken Schläfe stehengebliebene, weit über das ebenfalls erst bei dieser Gelegenheit hinzugefügte Diadem hinausragende grauweiße Haarmasse

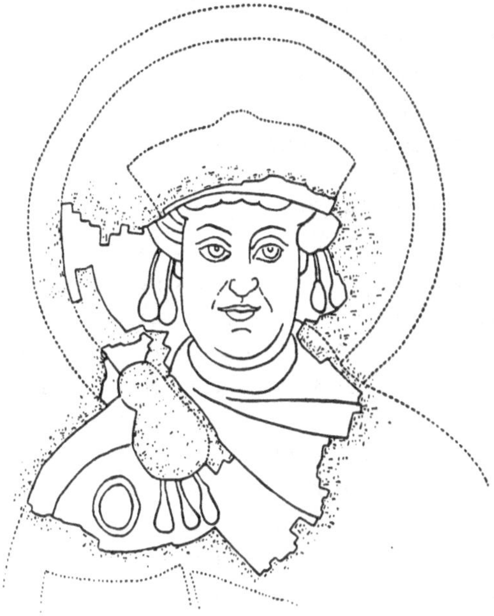

Abb. 40 Zu dem Mosaik in Abbildung 39: Schema der Erhaltung

Zeugnis ablegt — der Gotenkönig war auf dem Mosaik von S. Apollinare Nuovo allem Anschein nach barhäuptig dargestellt und trug vermutlich nur das von Ennodius erwähnte „sertum" aus verschiedenfarbigen Edelsteinen, zu dem die unterhalb der Haarmassen seitlich herabhängenden Juwelenketten gehört haben dürften. Wieweit die im übrigen als alt erkennbaren Teile des Mosaiks (Abb. 40) von Eingriffen verschont geblieben sind, läßt sich ohne eingehende Neuuntersuchungen nicht bestimmen — auffallend ist jedoch neben dem Fehlen des durch das Medaillon von Senigallia völlig gesicherten Oberlippenbartes die Achsenverschiebung in der unteren Gesichtshälfte, die es als möglich erscheinen läßt, daß auch diese alten Teile gewissen Veränderungen unterworfen worden sind. Vom rein ikonographischen Standpunkt aus kann daher das Mosaik von S. Apollinare Nuovo nur mit erheblichen Einschränkungen ausgewertet werden, und das Bildnis des Medaillons von Senigallia bleibt auf jeden Fall die einzig sichere Grundlage für unser Wissen um das Aussehen des großen Gotenkönigs. Gerade die schon von Prieß bemerkte Tatsache aber, daß das Mosaikbild im Gesamtkontur des Porträts wie in den Proportionen und in der ganzen Gesichtsbildung ebenso klar mit

dem Bildnis des Medaillons übereinstimmt, wie es von den gesicherten Darstellungen des Justinian (Abb. 33 und 41) abweicht, bestimmt seinen Wert und läßt seine Deutung auf Theoderich unbezweifelbar erscheinen. Trotz aller Eingriffe überliefert es uns von seinem Aussehen eine ganze Reihe bemerkenswerter Einzelzüge, deren Bedeutung bei der Spärlichkeit unseres Wissens auf diesem Gebiet nicht hoch genug veranschlagt werden kann. Es wird später noch zu zeigen sein, daß die entscheidenden Merkmale der körperlichen Struktur und der Gesichtsbildung, welche für Theoderich durch Münze und Mosaik gleichmäßig bezeugt werden, bei einem großplastischen Bildnis wenn auch nicht des Gotenkönigs selbst, so doch seiner Tochter Amalaswintha genau gleichartig wiederkehren und daß es durch diese Tatsache möglich wird, die äußere Erscheinung der beiden Amaler mit größter Genauigkeit zu erfassen.
Die für Theoderich in den erwähnten Darstellungen einwandfrei sichergestellte bildliche Überlieferung muß aber auch für seine unmittelbaren Nachfolger, für Amalaswintha wie für Athalarich und Theodahat notwendig vorausgesetzt werden, da das bewußte Anknüpfen an Staats- und Kulturformen des Imperium Romanum, das für die Regierung des großen Ostgotenkönigs in hohem Maße bezeichnend ist und sich neben vielen anderen Zügen auch in der geschilderten Übernahme der römischen Bildnistradition äußert, von den auf ihn folgenden Amalern in jeder Hinsicht als verbindlich angesehen und weitergeführt wurde. Im besonderen trifft das zu auf Theoderichs Tochter Amalaswintha, die nach dem im Jahre 526 erfolgten Tode des Königs für seinen unmündigen Enkel Athalarich die Regentschaft übernahm und sie auch nach dessen vorzeitigem Ende (2. Oktober 534) beibehielt, bis der von ihr als Mitregent eingesetzte Theodahat sie am 30. April 535 auf einer der Inseln des Bolsenersees ermorden ließ. In der Regierungszeit dieser bedeutenden und vielseitig begabten Frau hat der enge Anschluß an die römische Überlieferung nicht nur keine Unterbrechung, sondern womöglich sogar eine erhebliche Steigerung erfahren. Es ist daher ohne jeden Zweifel damit zu rechnen, daß der Tochter Theoderichs, der die Verständigung mit dem Senat und dem römischen Bevölkerungsteil weit mehr am Herzen lag als die Erhaltung der gotischen Eigenart, ungeachtet des Schweigens der Schriftquellen ebensoviel Bildnisse errichtet worden sind wie ihrem Vater. Eine Untersuchung des Denkmälerbestandes in dieser Richtung zeigt dann auch einwandfrei, daß es sich tatsächlich so verhalten hat. Es ist das Verdienst H. Graevens, in den Eckfeldern des im Londoner

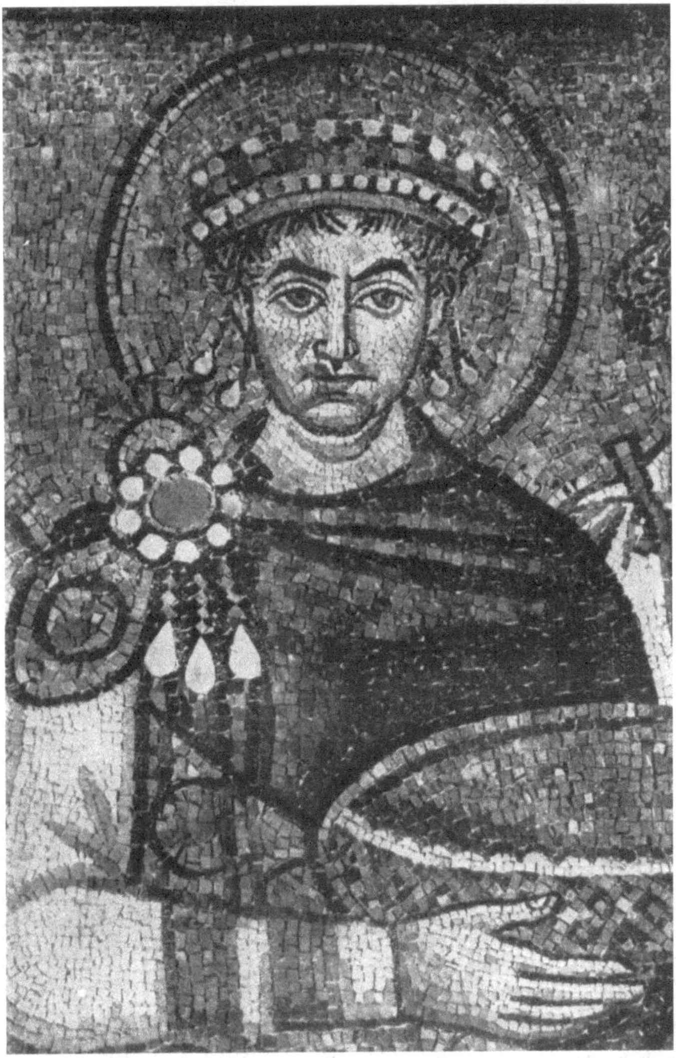

Abb. 41 Ravenna, S. Vitale. Mosaikbild des Justinian

South Kensington Museum aufbewahrten Orestesdiptychon die Bildnisse des Athalarich (Abb. 53) und der Amalaswintha erkannt und damit eine sichere Grundlage für die Ikonographie dieser beiden Amaler geschaffen zu haben. Das in voller Vorderansicht wiedergegebene Bildnis

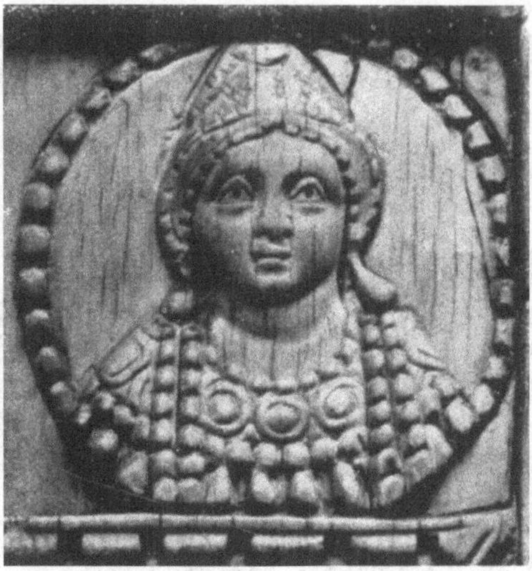

Abb. 42 London, South Kensington Museum.
Bildnis der Amalaswintha vom Diptychon des Orestes

der Amalaswintha (Abb. 42) zeigt die Gotenkönigin in einer Tracht, die in verschiedenen Einzelheiten genau der von der Theodora des Mosaiks von S. Vitale (Abb. 50) getragenen Kleidung entspricht. Bei beiden Darstellungen ist das Haar in einem Überzug zusammengefaßt, an dessen Enden lange, vor der Brust herabhängende Perlschnüre befestigt sind; hier wie dort findet sich ferner der massive, durch auserlesene Geschmeide und Perlen von ungewöhnlicher Größe geschmückte Juwelenkragen, dessen unterer Rand sogar den gleichen Besatz durch große, tropfenförmige Edelsteine aufzuweisen hat. Das für die Regierungszeit der Amalaswintha bereits hervorgehobene Anknüpfen an die Kulturformen des römischen Reiches macht sich auf diese Weise auch in der Einheitlichkeit der Kleidung und des Schmucks auf beiden Seiten stark bemerkbar. Wenn die Gotenkönigin auf dem vorliegenden Bildnis andererseits kein Diadem, sondern eine Kopfbedeckung trägt, die in ihrer besonderen, an die sogenannte phrygische Mütze erinnernden Form wahrscheinlich als Bestandteil der nationalgotischen Frauentracht angesehen werden muß, so dürfen aus dieser Tatsache keine allzu weitgehenden Schlüsse gezogen werden. R. Delbrück hat mit Recht bereits darauf hingewiesen, daß die Darstellung der Amalaswintha auf dem Orestesdiptychon ebenso wie die des Athalarich offenbar der starken nationalgotischen Bewegung Rech-

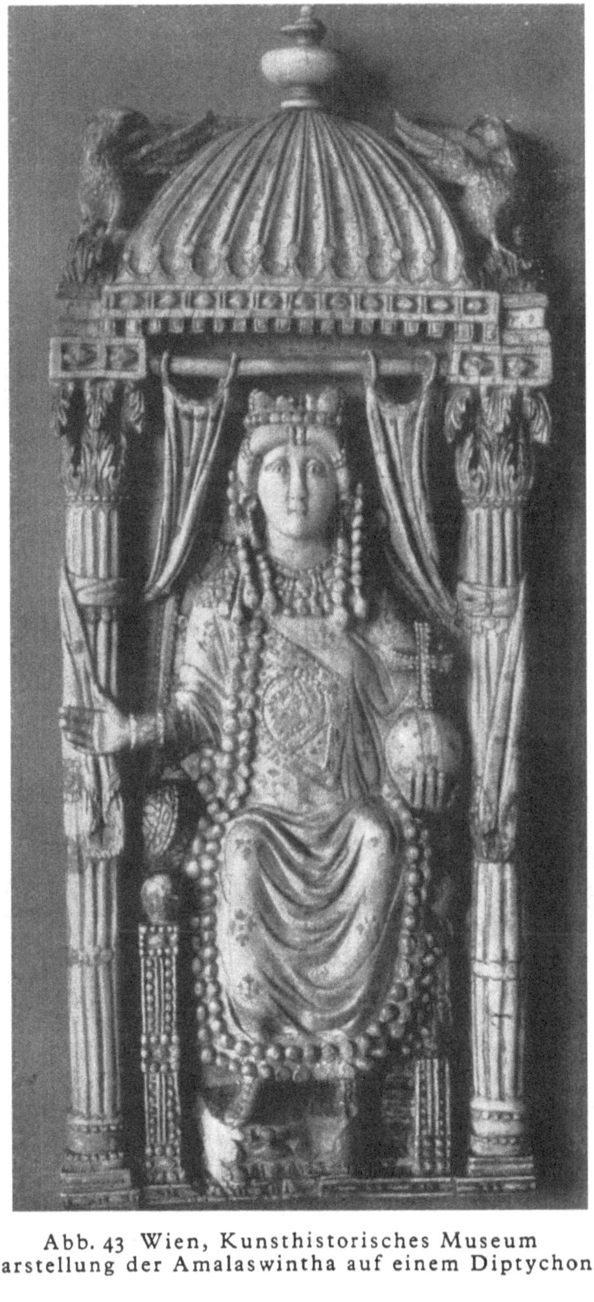

Abb. 43 Wien, Kunsthistorisches Museum
Darstellung der Amalaswintha auf einem Diptychon

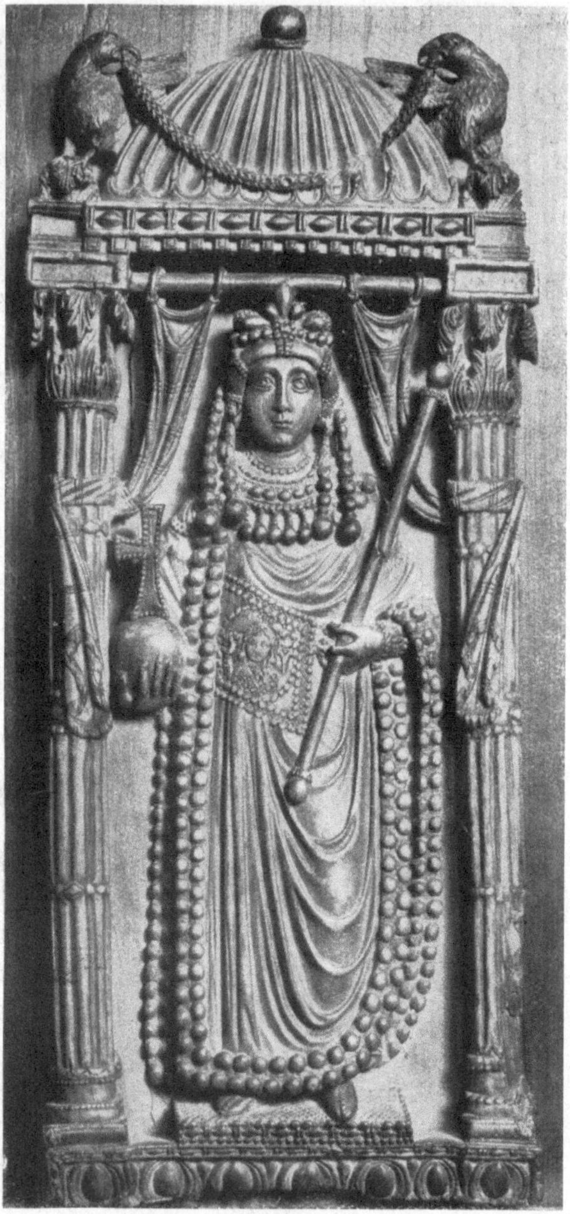

Abb. 44 Florenz, Bargello. Darstellung der Amalaswintha auf einem Diptychon

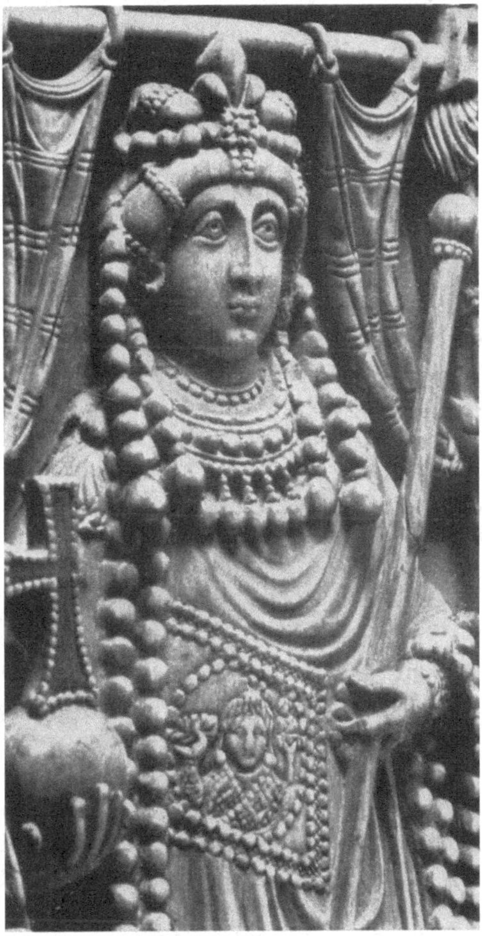

Abb. 45 Brustbild des Athalarich auf dem Chlamyseinsatz der Amalaswintha in Florenz

nung zu tragen hatte, die sich in der Entstehungszeit der Londoner Elfenbeintafel auch am Hofe langsam durchzusetzen begann und es verständlich macht, wenn hier die germanische Tracht auch in einem offiziellen Bildwerk Berücksichtigung gefunden hat.

In ikonographischer Hinsicht ist nun zwar zu bemerken, daß das auf dem Orestesdiptychon wiedergegebene Bildnis der Gotenfürstin eine ganze Reihe typischer, in ihrer besonderen Form durch den Zeitstil bestimmter

Züge aufzuweisen hat und somit nicht in vollem Umfang als zuverlässig angesehen werden kann. Dennoch genügt seine Aussage, um die Identität der in ihm Dargestellten mit der Frauenfigur eines im Kunsthistorischen Museum zu Wien aufbewahrten Diptychonfragments (Abb. 43) sicherzustellen, die schon H. Graeven richtig auf Amalaswintha gedeutet hat. Beide Bildnisse zeigen das gleiche volle Oval der Gesichtsbildung, denselben starken und mit einer kräftig ausgebildeten Hautfalte versehenen Hals, den gleichen Schwung der hohen, unmittelbar in den Ansatz der Nase überleitenden Brauenbögen, den nämlichen kleinen Mund, dessen Lippen hier wie dort ganz schwach aufgeworfen erscheinen, den gleichen Sitz der großen, gut geformten Augen und dasselbe stark ausgeprägte und leicht vorspringende Kinn. Die von Graeven vorgeschlagene Deutung der Wiener Darstellung auf Amalaswintha kann daher schon aus ikonographischen Gründen kaum angefochten werden. Mit ihr aber wird die gleiche Benennung auch für die Frauenfigur des dem Wiener Elfenbein auf das nächste verwandten Diptychonfragments in Florenz (Abb. 44/46) sichergestellt.

Dazu kommt weiter die Tatsache, daß sich das kleine Brustbild auf dem Einsatz der von der Florentiner Frauenfigur getragenen Chlamys (Abb. 45) in Übereinstimmung mit Graeven nur als das Bildnis eines kaum dem Knabenalter entwachsenen Jugendlichen erklären läßt, wie das auch Delbrück gegen seine ursprüngliche Auffassung schließlich anerkannt hat. Und da dieser Jugendliche den Krönungsornat, Szepter und Diadem trägt, die gesamte Darstellung aber aus stilistischen Gründen in den ravennatischen Bereich zu verweisen und in die ersten Jahrzehnte des sechsten Jahrhunderts zu datieren ist, liegt auch für das Knabenporträt von vornherein keine andere Deutung so nahe wie die auf Athalarich. Es steht nicht im Widerspruch zu dieser Erklärung, wenn der Dargestellte außer den bereits aufgezählten Insignien die Mappa führt und damit alle Konsularabzeichen bei sich vereinigt — als Herrscher des Westreiches und anerkannter Vertreter des Kaisers mußte der Gotenkönig mit Diadem und Szepter dargestellt werden, und da er kraft seiner Statthalterschaft aus Anlässen, wie sie etwa in den Einweihungsfeierlichkeiten des nach inschriftlichen Zeugnissen während seiner Regierungszeit wiederhergestellten Amphitheaters in Pavia (Abb. 2) gegeben waren, zweifellos als selbständiger Spielgeber aufgetreten ist, kann er darüber hinaus auch die Mappa führen, ohne daß die sich auf diese Weise ergebende Zusammenstellung von Attributen ihn notwendig als Konsul des römischen Reiches bezeichnen müßte. Ikonographischen Wert besitzt das Bildnis infolge seiner geringen Größe allerdings nicht, so daß ein Vergleich mit der gesicherten Darstellung des Athalarich auf dem Orestes-Diptychon (Abb. 53) nicht viel weiter führt. Er zeigt lediglich, daß der vorgeschlagenen Erklärung auch von diesem Gesichtspunkt aus keine wesentlichen Bedenken im Wege stehen.

Schließlich muß der Deutung der Florentiner Elfenbeintafel auf Amalaswintha um so mehr Wahrscheinlichkeit beigemessen werden, als auch das von der hier wiedergegebenen Frauenfigur getragene Diadem eine Eigentümlichkeit aufweist, die bei der sorgsamen Abstufung des byzantinischen Hofzeremoniells unmöglich als bedeutungslos angesehen werden kann: der Kopfschmuck besteht abgesehen von dem Haarüberzug und dem Stirnjuwel lediglich aus einigen großen Perlen, die zu einer Art einfacher Zierkette zusammengefaßt sind. Demgegenüber zeigt das von den byzantinischen Kaisern und Kaiserinnen getragene Diadem stets eine hiervon völlig verschiedene Form, die uns unter anderem auch in den Mosaiken von S. Vitale entgegentritt (Abb. 41 und 50), und zwar handelt es sich dabei um ein mehr oder weniger breites, immer aber durch eine Doppelreihe von Perlen eingefaßtes Stirnband, das sich in seiner reichen Ausstattung von der anspruchslosen, schmalen Perlreihe des Florentiner Bildnisses in grundsätzlicher Weise unterscheidet. Aus dieser Tatsache ist aber zwangsläufig zu folgern, daß hier mit voller Absicht eine Rangabstufung zum Ausdruck gebracht wird: die Frauenfigur des Florentiner Elfenbeins ist durch die erwähnte Einzelheit nicht als byzantinische Kaiserin, sondern ganz eindeutig als eine ihr an Rang nicht völlig ebenbürtige, bis zu einem gewissen Grad jedoch selbständige Herrscherin bezeichnet. Die Deutung dieser Figur auf Amalaswintha ist damit endgültig gesichert und, wie bereits aus anderen Gründen angenommen werden mußte, auch auf das Frauenbildnis der Elfenbeintafel in Wien (Abb. 43) anzuwenden, das die gleiche Eigentümlichkeit der Diadembildung aufweist.

Diese Bestimmung ist nun aber von grundlegender Wichtigkeit, da sie auch die Ermittlung eines statuarischen Bildnisses der Gotenkönigin ermöglicht. Es ist nämlich von jeher bemerkt worden, daß die Frauenfigur der Florentiner Elfenbeintafel personengleich ist mit dem Urbild eines bekannten spätantiken Frauenbildnisses im Konservatorenpalast in Rom (Abb. 47 und 48), das nach Haartracht und Stil ebenfalls in die ersten Jahrzehnte des sechsten Jahrhunderts datiert werden muß. An der Identität der hier und dort Dargestellten ist in der Tat kein Zweifel möglich —

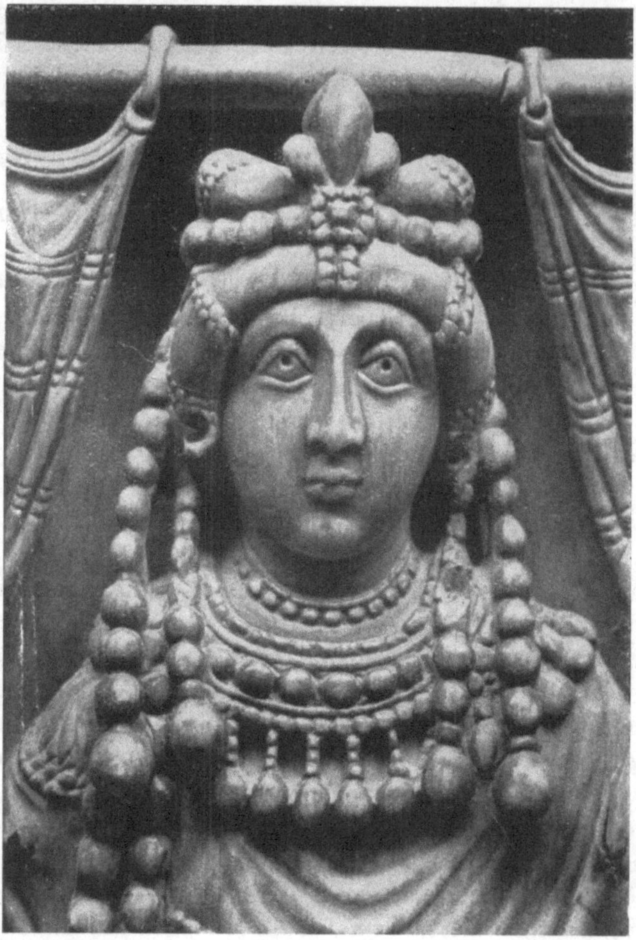

Abb. 46 Bildnis der Amalaswintha von dem Diptychon in Florenz

der großplastische Kopf zeigt in der Vorderansicht genau die gleichen Eigentümlichkeiten, die für die Elfenbeinbildnisse in London und Florenz als bezeichnend hervorgehoben werden mußten. Auch die starken Ergänzungen, die er an Nase, Lippen, Kinn und linkem Auge aufzuweisen hat, ändern nichts an dieser Tatsache, da die intakten Teile völlig ausreichen, um die ikonographische Übereinstimmung zu erweisen. Im besonderen kehren das volle Oval des Gesichts, Sitz und Form der Augen samt Brauen und Lidern, der Lippen und des Kinns sowie die Fülle des

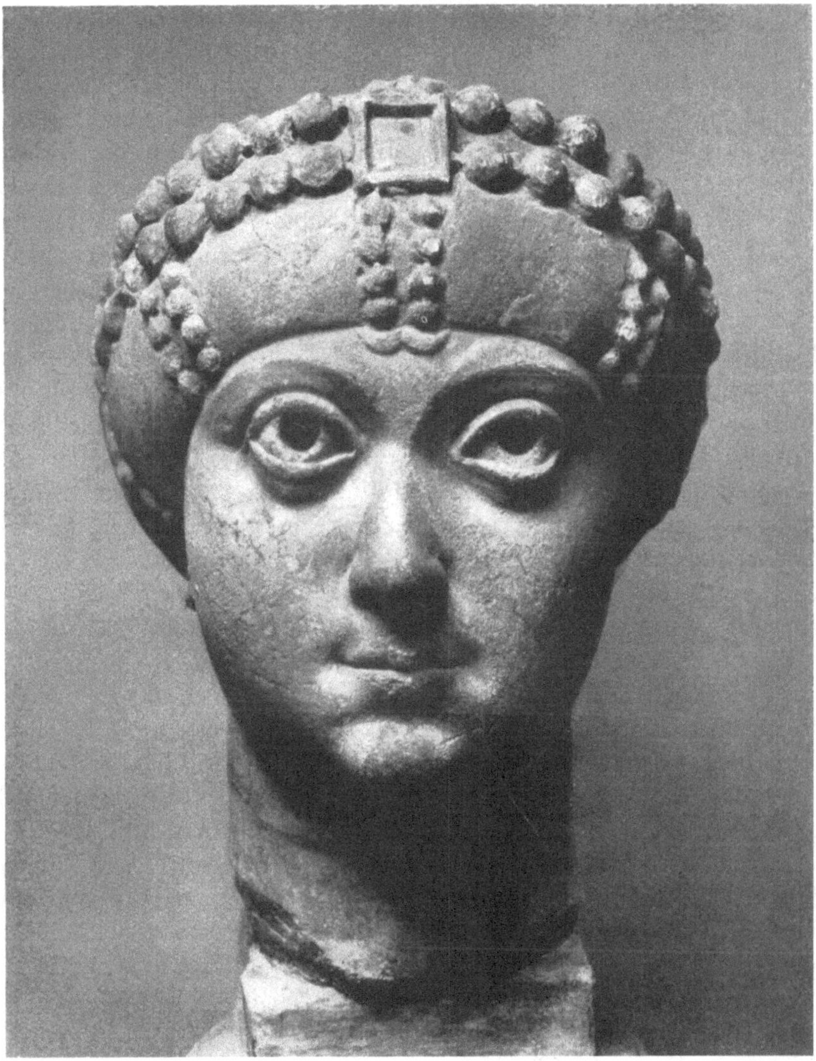

Abb. 47 Rom, Konservatorenpalast. Bildnis der Amalaswintha. Vorderansicht

gesamten physischen Erscheinungsbildes bei beiden Darstellungen völlig gleichartig wieder. Die alte Deutung C. L. Viscontis, der mit bemerkenswerter Instinktsicherheit in dem Kopf schon unmittelbar nach seiner Auffindung eine Darstellung der Amalaswintha erkannt hatte, erfährt in den herangezogenen Denkmälern eine nachdrückliche Bestätigung. So befremdlich es dabei erscheinen mag, wenn hier der Kopfschmuck nun doch eine doppelte Perlreihe aufweist, so zeigt sich bei näherer Untersuchung, daß in ihm lediglich ein Perlen- und Juwelenbesatz des Haarüberzuges zu erblicken, der mit dem Diadem nicht ohne weiteres gleichgesetzt werden kann. Selbst wenn dieser Besatz aber wirklich als Diadem erklärt werden müßte, so könnte daraus ein Beweis gegen die Deutung auf Amalaswintha nicht abgeleitet werden, da es keinerlei Anhaltspunkte dafür gibt, daß germanische Könige und Königinnen sich gelegentlich nicht auch des vollen Ornats nach byzantinischem Vorbild bedient haben. Darüber hinaus aber trägt noch eine ganze Reihe anderer Gründe in entscheidender Weise dazu bei, auch diese Deutung als völlig sicher erscheinen zu lassen. Zunächst die schon von Delbrück beobachtete Tatsache, daß zu dem Kopf des Konservatorenpalastes, der selbst aus Rom stammt, zwei weitere, ebenfalls in Rom gefundene Wiederholungen bekannt geworden sind, von denen die eine im Kreuzgang des Laterans, die andere im Louvre aufbewahrt wird. Schon wegen des übereinstimmenden Fundortes kann als sicher gelten, daß die in ihnen dargestellte Frau für das Westreich eine außergewöhnliche Bedeutung gehabt hat, während sie im Ostreich, aus dem bisher nicht eine einzige Replik zu diesen Bildnissen bekannt geworden ist, offenbar auch nicht annähernd die gleiche Beachtung fand. Dieser Gegensatz wird noch auffälliger wenn man bedenkt, daß die beiden Elfenbeintafeln in Florenz und Wien sowie das Diptychon des Orestes in London, auf denen ganz sicher die gleiche Persönlichkeit wiedergegeben ist, ebenfalls aus dem Westreich stammen, so daß einer in Italien in sechs verschiedenen Darstellungen belegten Persönlichkeit auf byzantinischer Seite nichts entgegengesetzt werden kann. Schon dadurch allein wird jede Deutung dieser Bildnisse auf eine byzantinische Kaiserin in demselben Maße problematisch, in dem die auf Amalaswintha an Wahrscheinlichkeit gewinnt.

Dazu kommt weiter, daß die Gleichartigkeit der Haartracht und des Schmucks, die bei der Theodora des fest datierten Mosaiks von S. Vitale und der Frauenfigur der Elfenbeintafel des Bargello festzustellen ist, eine Datierung dieser Tafel und damit auch der erwähnten römischen Bildnisreihe in die erste Hälfte des sechsten Jahrhunderts anerkanntermaßen völlig sicherstellt. Unter den byzantinischen Kaiserinnen dieser Zeit gibt es indessen außer Theodora keine, die für das Westreich eine solche Bedeutung gehabt hätte, daß die Errichtung von Bildnisstatuen in so großer

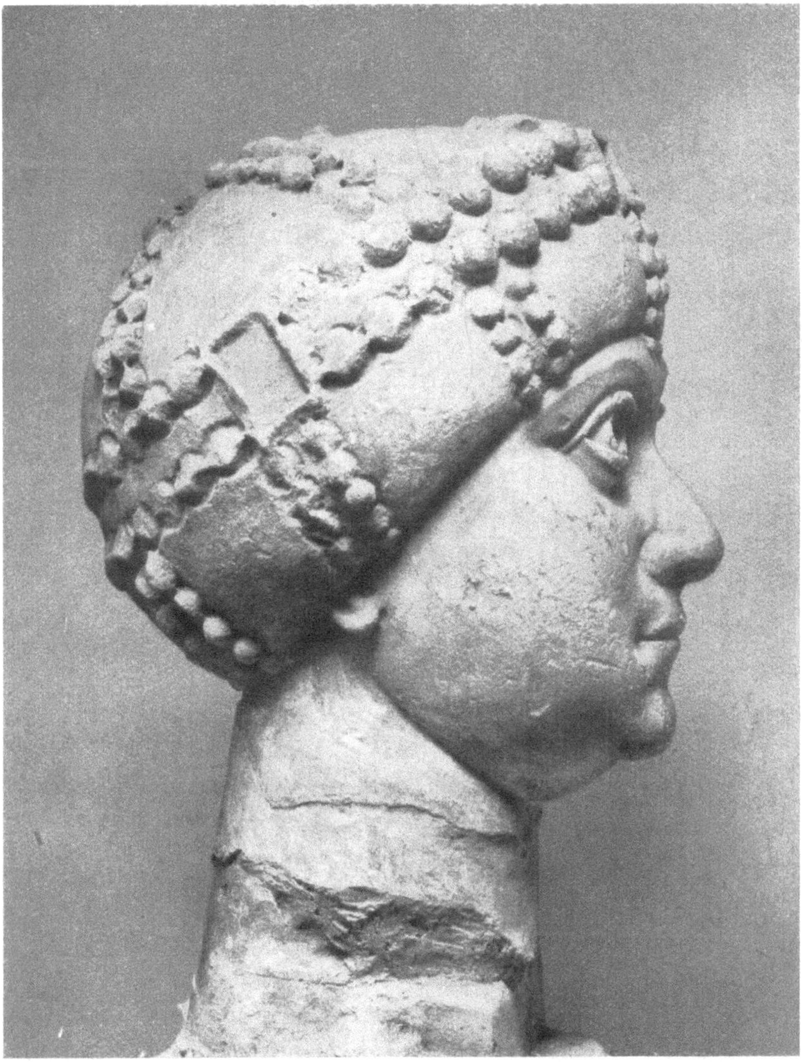

Abb. 48 Rom, Konservatorenpalast. Bildnis der Amalaswintha. Rechtes Profil

Zahl, wie sie im vorliegenden Falle belegt sind, gerade in Italien gerechtfertigt erscheinen würde. Die Gemahlin des Justinian selbst aber scheidet ebenfalls aus, weil uns ihr Bildnis durch das Mosaik von S. Vitale

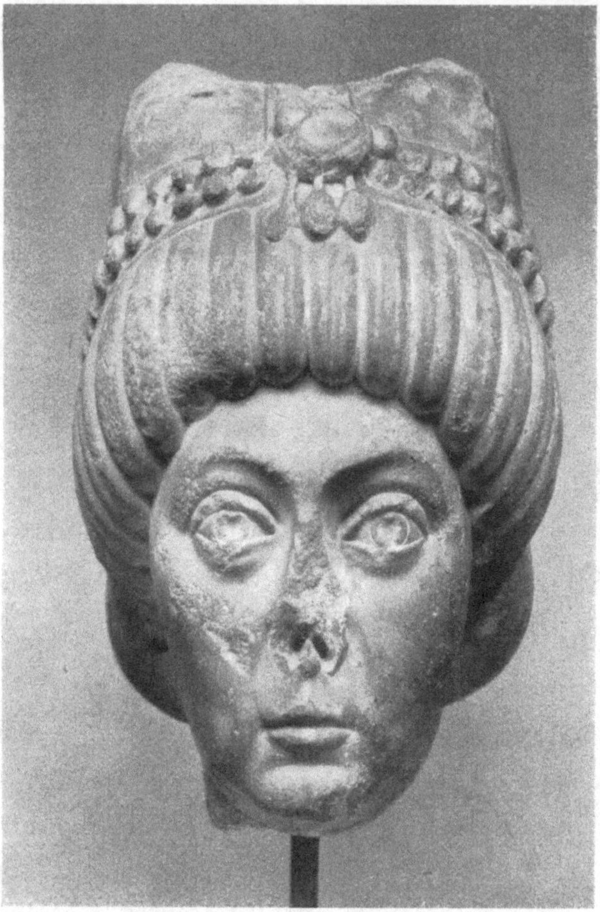

Abb. 49 Mailand, R. Museo Archeologico. Bildnis der Theodora. Vorderansicht

(Abb. 50) und den mit ihm bis in die Einzelheiten genau übereinstimmenden Kopf des Museo di Castello Sforza in Mailand (Abb. 49, 51 und 52) gut bekannt ist — zwischen der nervösen, überkultivierten und schon etwas dekadenten Schönheit dieser Frau, die offenbar wirklich εὐπρόσωπος ... καὶ εὔχαρις ἄλλως war (von schönem Antlitz und anmutiger Gestalt; Procop, Historia Arcana III 69), und der robusten, schwerblütigen Ursprünglichkeit der in dem Bildnis des Konservatorenpalastes

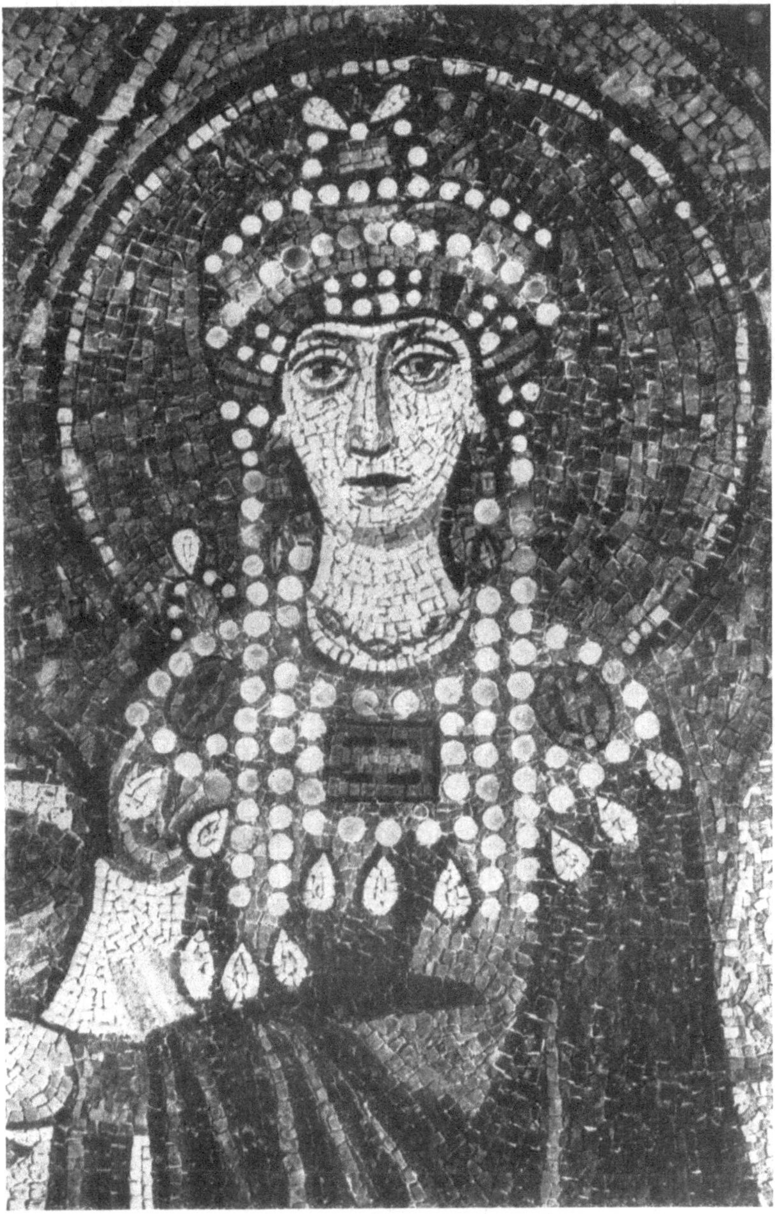

Abb. 50 Ravenna, S. Vitale. Mosaikbild der Theodora

Dargestellten besteht ein Gegensatz, der nicht nur von ikonographischen Gesichtspunkten aus unüberbrückbar erscheint.

Schließlich legen auch die näheren Fundumstände für unsere großplastische Bildnisreihe den Schluß nahe, daß es sich bei der in ihr wiedergegebenen Frau um eine in gotischen Kreisen besonders angesehene Persönlichkeit gehandelt hat: von den vorliegenden drei Fassungen des Porträts stammen zwei aus den Stadtgebieten Roms, die im frühen sechsten Jahrhundert als einzige stark von Goten durchsetzt gewesen sein müssen. Und zwar läßt sich, wie R. Delbrück gezeigt hat, für den Kopf im Lateran nachweisen, daß er sich schon seit dem Ende des 16. Jahrhunderts an Ort und Stelle befindet; er stammt daher aller Wahrscheinlichkeit nach aus dem Gebiet des Lateran selbst und verdankt seine Erhaltung wohl dem Umstand, daß seine ursprüngliche Bedeutung längst in Vergessenheit geraten war, als man ihn bei seiner Wiederauffindung auf eine nicht zugehörige Büste des zweiten Jahrhunderts gesetzt und dem Ganzen dann mit der inschriftlich bezeugten Deutung auf die heilige Helena einen Platz in der Lateranskirche eingeräumt hat. In der unmittelbaren Nachbarschaft der Lateransbasilica aber lag zwischen Coelius und Esquilin eine größere Gotensiedlung, die sich um die arianische S. Severinskirche herumgruppierte und in deren weiterem Umkreis der Kopf gefunden worden sein muß. Er gehörte also ursprünglich wohl zu einem Standbild, das der Amalaswintha in diesem Gebiet errichtet und nach dem Fall der Gotenherrschaft zerstört worden war.

Noch eindeutiger liegen die Verhältnisse bei dem Kopf des Konservatorenpalastes (Abb. 47 und 48), dessen Fundstelle bei der Piazza S. Maria dei Monti in der Suburra wieder zu einem bekannten gotischen Wohngebiet in nächster Nähe der schon zur Zeit Ricimers dem arianischen Kult geweihten Kirche S. Agata dei Goti gehört. Wenn jedenfalls irgendwo in Rom mit dem Vorhandensein von Bildnissen gotischer Persönlichkeiten zu rechnen ist, dann gilt das von den Gotenvierteln im Umkreis der erwähnten Arianerkirchen, in deren Gebiet Fundverhältnisse und Geschichte der genannten Denkmäler gleichermaßen zurückführen. Dieser Umstand kann aber ganz sicher nicht als das Ergebnis eines Zufalls angesehen werden, er bestätigt vielmehr die Deutung der vorliegenden Porträtreihe auf Amalaswintha erneut in entscheidender Form.

Nachdem auf diese Weise die richtige Benennung des Kopfes im Konservatorenpalast und seiner beiden Verwandten sichergestellt ist, wird man auch ein letztes Argument noch anführen dürfen: die starke physiogno-

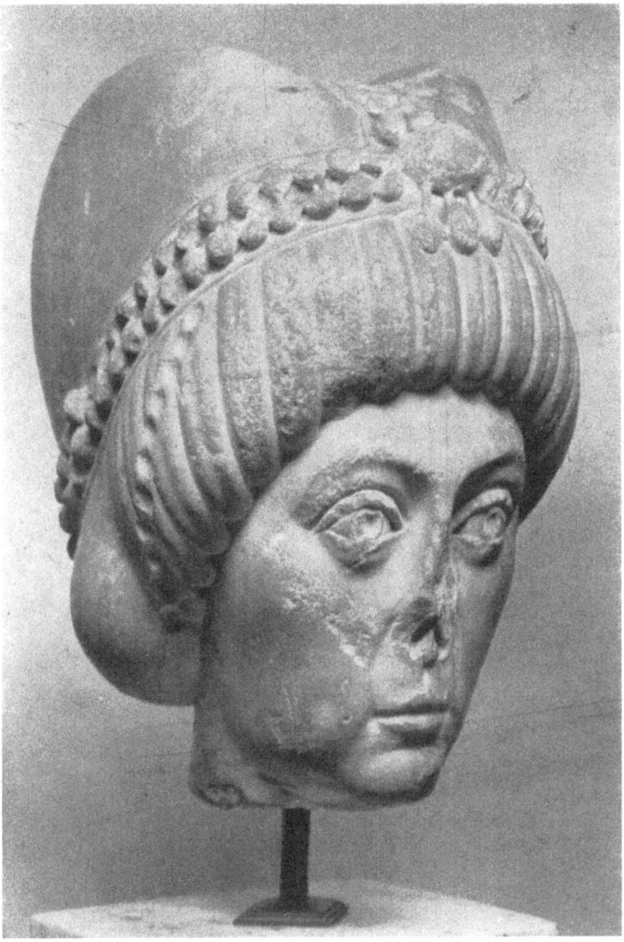

Abb. 51 Mailand, R. Museo Archeologico. Bildnis der Theodora. Dreiviertelprofil

mische Verwandtschaft, die dieses Porträt mit dem Mosaik von S. Apollinare (Abb. 39) aufzuweisen hat. Es sind wesentliche Züge der Gesamterscheinung, die sich hier und dort genau entsprechen, angefangen von Proportionen und Umriß der sehr vollen Gesichtsbildung über Eigentümlichkeiten wie die stark ausgebildeten Jochbeine und den hohen Schwung der Brauen zu so bezeichnenden Einzelheiten, wie sie in dem ungewöhnlich kräftigen Hals, der tiefen Einbettung der Augen und dem

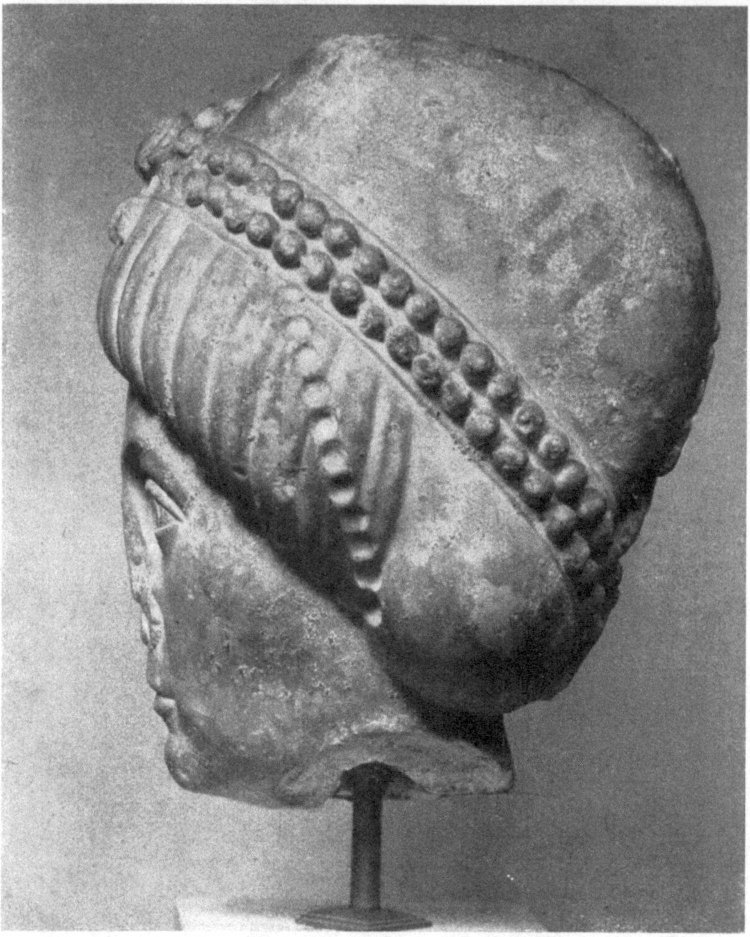

Abb. 52 Mailand, R. Museo Archeologico. Bildnis der Theodora. Linkes Profil

dadurch bewirkten starken Hervortreten der Lider oder etwa in dem verhältnismäßig kleinen Mund gegeben sind. Und da selbst eine vergleichsweise Heranziehung der Bildnisse des Athalarich (Abb. 53 und 56) und des Theodahat (Abb. 58) die gleichen Züge erkennen läßt, wird man in ihrem gemeinsamen Vorkommen nicht nur eine weitere Bekräftigung der bisher erzielten Ergebnisse erblicken, sondern darüber hinaus in den angeführten Kennzeichen allgemeine Sippenmerkmale der Amaler fest-

stellen und auf eine starke Familienähnlichkeit ihrer Angehörigen untereinander schließen dürfen. Das Bildnis der Amalaswintha im Konservatorenpalast, das unter den drei überlieferten Fassungen als das weitaus beste zu gelten hat, vermag damit auch die in den vorhandenen Darstellungen des Theoderich, des Athalarich und des Theodahat gegebenen Unterlagen zu einer lebendigen und klaren Vorstellung vom Aussehen all der genannten Mitglieder der gotischen Königsfamilie zu ergänzen.
Auch für sich allein betrachtet aber entspricht das Bildnis im Konservatorenpalast durchaus dem, was die schriftliche Überlieferung von der Gotenkönigin berichtet — es ist das Bild einer klugen und ungemein energischen Frau, in deren Zügen sich beherrschend die ungebrochene Kraft einer gesunden Natürlichkeit widerspiegelt, selbstbewußt, Entschlossenheit und Tatkraft in sich vereinigend, fast männlich in der klaren Härte seiner Linien, ungraziös zwar, dafür aber durchdrungen von einer unwiderstehlichen Lebenskraft und einem tiefen Ernst, der dem ganzen Bildnis bei aller Unmittelbarkeit des Ausdrucks eine hohe Würde verleiht. Man braucht sich nur den Gegensatz zwischen diesem Frauenbildnis und dem Mailänder Porträt der Theodora (Abb. 49 —52) vor Augen zu halten, um noch heute, nach fast eineinhalb Jahrtausenden voll zu verstehen, welche seelischen Abgründe diese Menschen voneinander getrennt haben müssen, wie furchterregend die körperliche und geistige Unverbrauchtheit dieser Germanen, die Kraft ihrer Gefühle und das Übermaß ihres Lebenswillens auf eine Welt wirken mußte, welche in der von dem Mailänder Bildnis bezeugten grazilen und gebrechlichen Schönheit, in der kultivierten Überzüchtung der byzantinischen Kaiserin eine ebenso bezeichnende Verkörperung erfahren hat, wie es für die Gegenseite in dem Porträt des Konservatorenpalastes der Fall ist. In diesem Gegensatz liegt das Schicksal der Staatsgründung des Theoderich, liegt die geschichtliche Tragik des gotischen Volkes in vollem Umfang beschlossen.
Es bleibt danach nur noch übrig, auf die bereits erwähnten Bildnisse des Athalarich und des Theodahat etwas ausführlicher einzugehen. Daß bei beiden entscheidende Sippenmerkmale der Amaler wiederkehren, wurde schon hervorgehoben. Die Darstellungen sind jedoch auch in anderer Hinsicht noch von erheblicher Wichtigkeit. So zeigt das Bildnis des Athalarich (Abb. 53) einige bezeichnende Einzelheiten der gotischen Tracht, die nach Ausweis ihrer Wiedergabe auf dem Londoner Diptychon mit der Kleidung der übrigen Germanenstämme weitgehend überein-

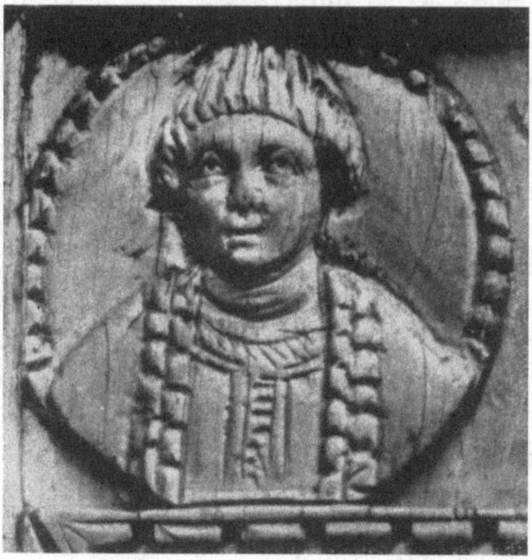

Abb. 53 London, South Kensington Museum.
Bildnis des Athalarich vom Diptychon des Orestes

gestimmt haben muß. Im besonderen ist der mit gestickten Zierborten versehene Kittel, wie schon bei der Besprechung des Medaillons von Senigallia festgestellt wurde, als gemeinsames Kleidungsstück aller germanischen Teilvölker anzusehen. Der umhangartige, vorn weit offene Mantel ergänzt das langärmelig zu denkende Untergewand zusammen mit den von zahlreichen Denkmälern her bekannten, eng anliegenden Hosen zu einer Gesamttracht, die als Zivilkleidung für jeden freien Goten vorausgesetzt werden darf. Die Militärtracht wird sich, wie die Münzbilder des Baduila (Abb. 54) zeigen, in der Regel entsprechend zusammengesetzt haben und nur durch Panzer und Spangenhelm, Speer, Schild und Schwert sowie gelegentlich auch durch die Streitaxt vervollständigt worden sein. Auf Münzbildern des Athalarich, die offenbar eine zu seinen Ehren errichtete Panzerstatue wiedergeben (Abb. 55), erscheint der Gotenkönig indessen auch in einer durchaus römisches Gepräge tragenden Rüstung mit Brustpanzer, Pteryges, bloßen Beinen und halbhohen Soldatenstiefeln, wozu sich der römische Ovalschild, Spangenhelm und Speer sowie das Paludamentum gesellen. Die Tracht scheint also nicht immer ganz einheitlich gewesen zu sein und sich, besonders bei den vornehmen Sippen, gelegentlich auch nach römischen Vorbildern gerichtet zu haben, wenn nicht, was vielleicht im vorliegenden Fall sogar

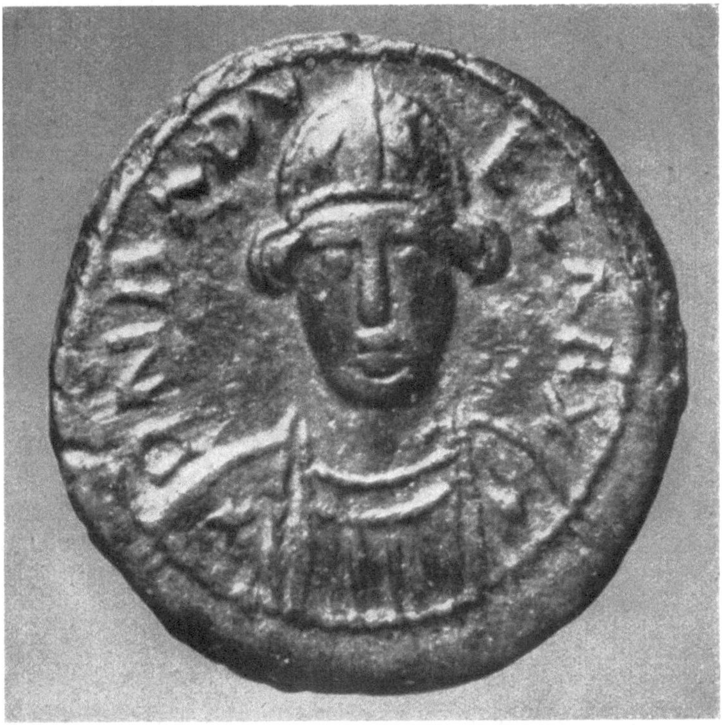

Abb. 54 Rom, Thermenmuseum. Münzbild des Baduila (Totila)

wahrscheinlicher ist, die festgestellte Anlehnung einfach durch die unveränderte Übernahme eines der Darstellung zugrundeliegenden römischen Statuentypus erklärt werden muß.
Größte Wichtigkeit aber ist dann weiter einem bisher unveröffentlichten Bildnis des Museo Civico in Forli beizumessen, das vor einigen Jahren in dieser Stadt, dem antiken Forum Livii, bei Fundamentierungsarbeiten im Borgo Ravaldino gefunden worden ist und dank dem liebenswürdigen Entgegenkommen des Museumsleiters, Herrn L. Servolini, hier erstmalig abgebildet werden kann (Abb. 56 und 57). Der etwa lebensgroße Kopf ist aus einem feinkörnigen Marmor lunensischer Herkunft gearbeitet und infolge einer späteren Wiederverwendung als Wasserspeier — vom Nacken zum Mund läuft eine zur Aufnahme des Leitungsrohres bestimmte Durchbohrung — leider sehr beschädigt: die Nase ist stark bestoßen und der Mund samt dem Kinn bei der zweiten Verwendung ganz

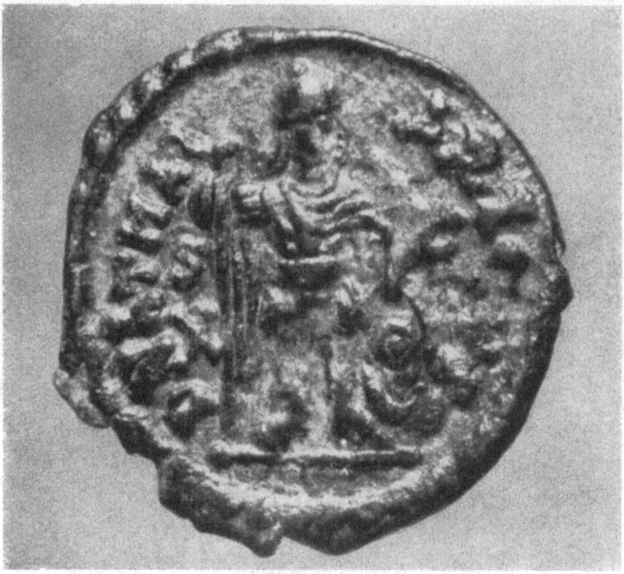

Abb. 55 Rom, Thermenmuseum.
Darstellung des Athalarich auf einer ostgotischen Münze

weggeschlagen worden. Selbst unter diesen Umständen ist das Porträt jedoch angesichts der Seltenheit bildlicher Darstellungen dieser Art noch von unschätzbarem Wert für die Kunstgeschichte der Gotenzeit.

Der Kopf stellt eine in jugendlichem Alter stehende Persönlichkeit dar, welche über dem glatt ins Gesicht fallenden Haar eine enganliegende, durch Edelsteinbesatz reich verzierte Kopfbedeckung trägt, wie sie ganz gleichartig bei den Münzbildern des Theodahat (Abb. 58) und den statuarischen Darstellungen der Amalaswintha (Abb. 47 und 48) belegt ist. Daß es sich um einen Goten handelt, wird erwiesen durch die Haartracht, die genau der des Theodahat entspricht (siehe unten), und durch die antiquarischen Einzelheiten, die dieses Bildnis auf das Engste mit den hier bereits besprochenen Porträts des frühen sechsten Jahrhunderts und unter ihnen besonders mit dem der Amalaswintha verbinden. Außerdem aber zwingt der Juwelenbesatz der dem literarisch überlieferten καμηλαύκιον entsprechenden Kappe in seiner besonderen, diademartigen Form zu der Annahme, daß es sich in diesem Bildnis nur um die Darstellung eines Gotenfürsten handeln kann, der eine hohe, dem Rang der Amalaswintha

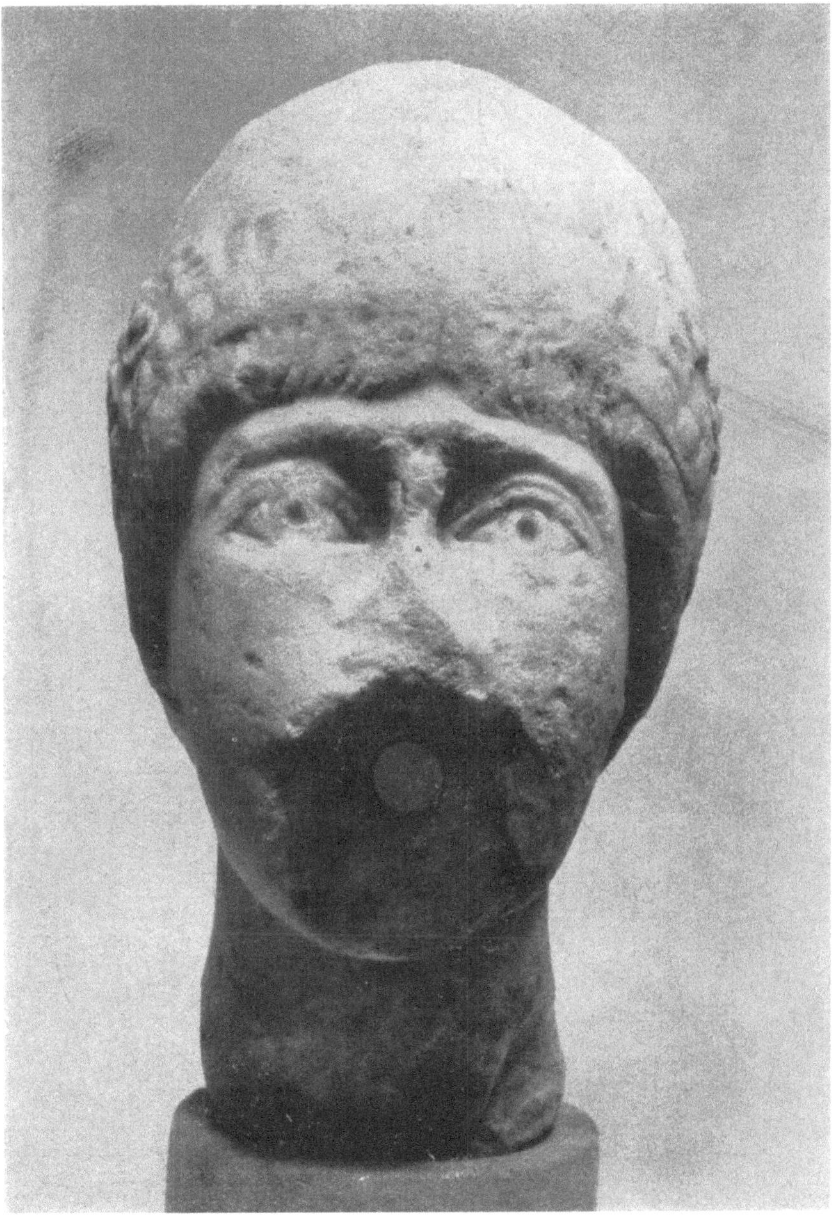

Abb. 56 Forli, Museo Civico. Bildnis des Athalarich. Vorderansicht

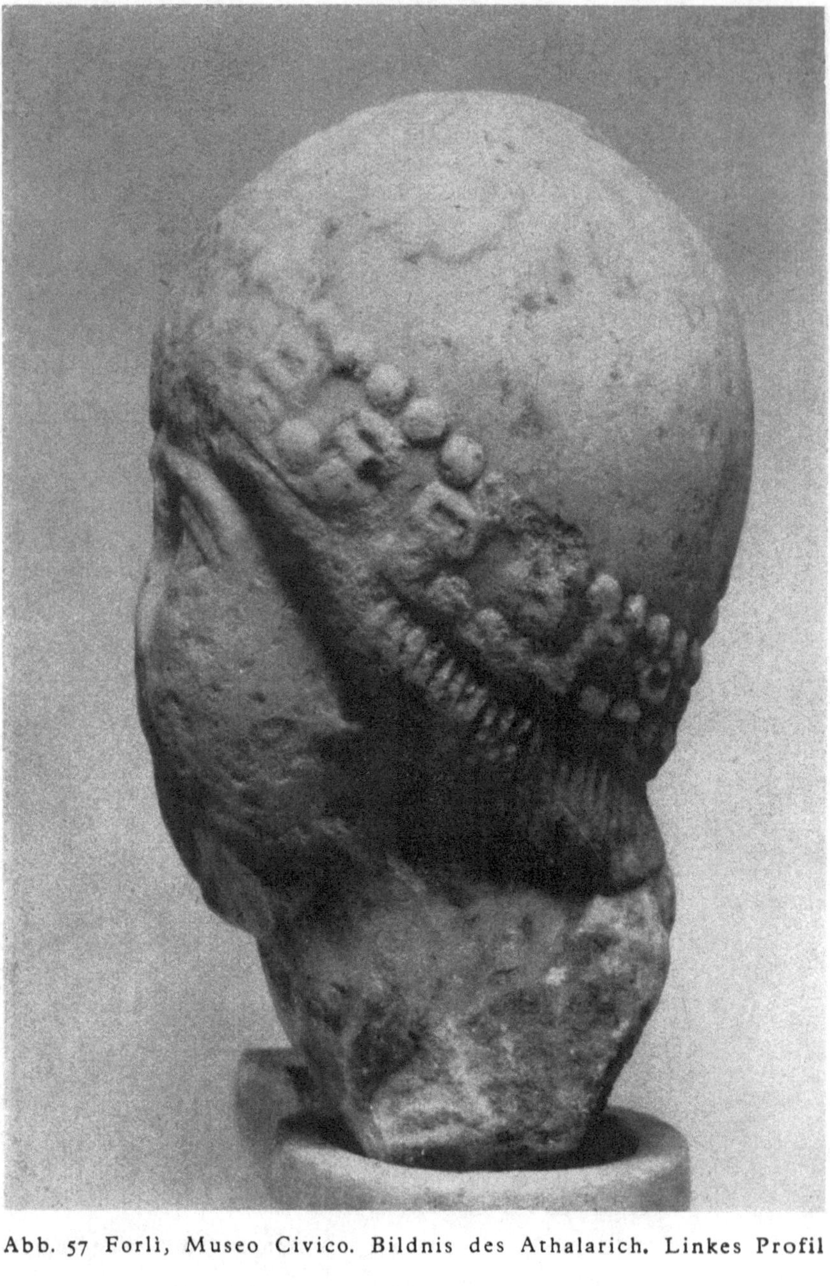

Abb. 57 Forlì, Museo Civico. Bildnis des Athalarich. Linkes Profil

ungefähr entsprechende Stellung innehatte und daher unter den Gotenkönigen zu suchen ist. Unter dieser Voraussetzung ergibt sich die Benennung des Bildnisses von selbst: Forum Livii ist nach der im Jahre 540 nach Christus erfolgten Eroberung Ravennas durch die Byzantiner nicht mehr in gotische Hand gekommen — die Quellen sprechen lediglich von einer Rückgewinnung der Festungen Cesena und Petra durch Baduila im Jahre 542, hätten es aber ganz gewiß nicht unerwähnt gelassen, wenn das als Verkehrsknotenpunkt ungemein wichtige Forum Livii nach der Schlacht von Faënza ebenfalls an die Goten zurückgefallen wäre. Die Entscheidung kann daher nur zwischen Theoderich, Athalarich, Theodahat und Witichis liegen. Und da Theoderich und Witichis wegen des jugendlichen Alters des Dargestellten nicht in Frage kommen und Theodahat aus ikonographischen Gründen ausscheidet, bleibt nur übrig, in dem Bildnis eine Darstellung des Athalarich zu sehen, der damit in der Reihe der überlieferten Gotenbildnisse auch mit einem wohl gegen Ende seines Lebens entstandenen großplastischen Porträt vertreten ist. Ohne daß darauf besonderer Wert gelegt würde, sei schließlich noch angemerkt, daß der Kopf in Forli mit dem Athalarichbildnis des Chlamyseinsatzes der Florentiner Amalaswintha (Abb. 45) recht gut zusammengeht und daß seine Benennung somit auch von diesem Gesichtspunkt aus voll gerechtfertigt erscheint.

Vom Aussehen des Theodahat vermitteln uns die Münzbilder auf 40 Nummi-Stücken römischer Prägung, von denen eins in Abb. 58 wiedergegeben ist, eine gute Vorstellung. Die wohl aus Anlaß seiner Erhebung zum Mitregenten im Jahre 534 geschaffene Gedenkmünze zeigt den letzten männlichen Amaler im juwelenbesetzten Krönungsornat, zu dem offenbar der gleiche umhangartige Mantel gehört, den wir bereits in der gotischen Ziviltracht kennengelernt haben. Der durch seine grenzenlose Habgier berüchtigte Gotenfürst, dem es nach den Worten des Procop geradezu „als eine Art Unglück erschien, Nachbarn zu haben", zeigt selbst im Bildnis noch seine schlechten Charaktereigenschaften: Er hat in der großen Hakennase, in dem Raubvogelhaften des gesamten Gesichtsausdrucks die typische Physiognomie des Geizigen und Eigensüchtigen, wenn auch seine Erscheinung im übrigen den Amaler nicht verleugnet haben dürfte. Ein Vergleich des Münzbildes mit dem Profil der Amalaswintha des Konservatorenpalastes (Abb. 48) läßt klar erkennen, wie betont gerade die bezeichnendsten Familieneigentümlichkeiten der Amaler, die Starkknochigkeit und volle Fleischigkeit des Gesichts, das

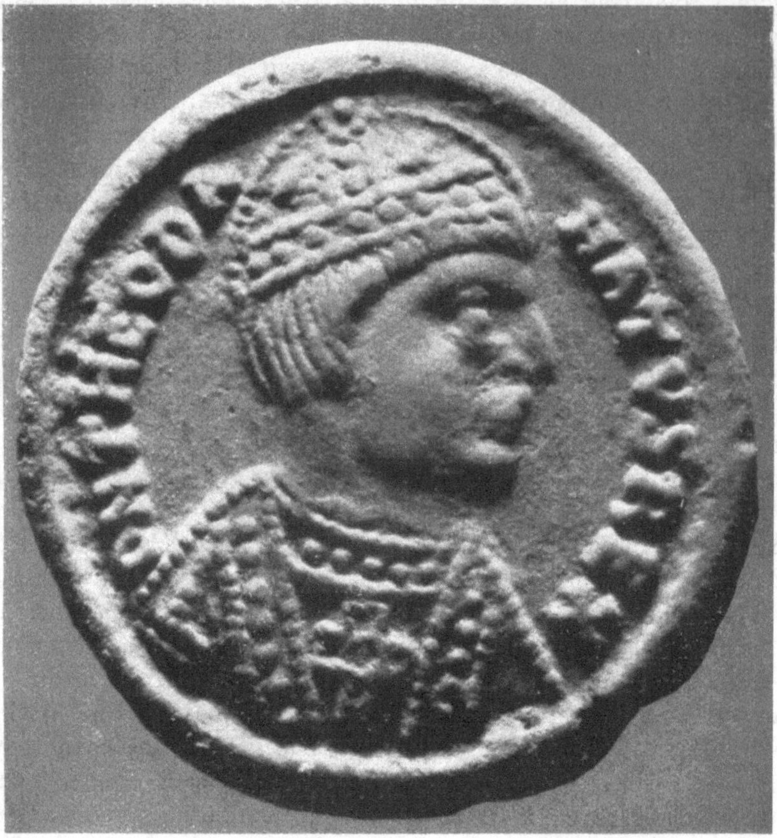

Abb. 58 Berlin, Staatl. Münzkabinett.
Bildnis des Theodahat von einer ostgotischen Münze

kräftig ausgeprägte, gut geformte Kinn, die betonte Lidbildung und der starke Hals auch bei dem Bildnis des Theodahat hervortreten und wie einheitlich das äußere Erscheinungsbild der Angehörigen dieses Geschlechtes bei aller individuellen Verschiedenheit gewesen sein muß.
Im übrigen gibt das Münzbild eine genaue Darstellung der gotischen Haartracht,die sich von der vieler anderer Germanenstämme, im besonderen von derjenigen der Langobarden vor allem durch das Fehlen des Bartes unterschieden hat. Bei den Goten wurde das Haupthaar ungescheitelt getragen; es fiel tief in die Stirn, wo es in einer gleichmäßig etwa zwei Finger breit über den Brauenbögen verlaufenden Linie abge-

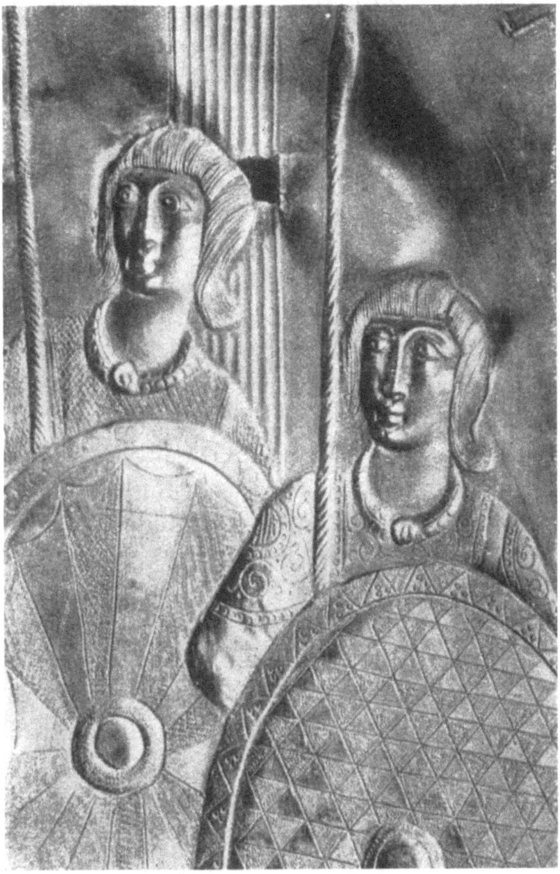

Abb. 59 Germanische Leibwächter vom Missorium des Theodosius in Madrid

schnitten wurde, während es im Nacken bis ungefähr in die Höhe des Kinns herabreichte, um hier ebenfalls geradlinig abzuschließen — die germanischen Leibwächter auf dem Missorium des Theodosius (Abb. 59) und den Mosaiken von S. Vitale zeigen übrigens die gleiche Haartracht. Daß es außerdem gotische Sitte war, bei glattrasierten Wangen einen kurzen Oberlippenbart zu tragen, wurde bereits erwähnt — die fränkische Haartracht, die als einzige der gotischen weitgehend entsprochen zu haben scheint, hat an diesen Eigentümlichkeiten mit geringfügigen Abwandlungen noch bis ins Mittelalter hinein unverändert festgehalten.

Durch die Ermordung des Theodahat erlosch im Jahr 536 des Geschlecht Theoderichs in seiner männlichen Linie. Aus einem bei Procop erwähnten Vermittlungsvorschlag, den dieser letzte Amaler auf dem gotischen Thron an Justinian richtete, läßt sich schließen, daß die gotische Bildnistradition mindestens bis zu diesem Zeitpunkt unverändert weitergeführt worden ist, da erst jetzt im Rahmen einer von dem Gotenkönig selbst angebotenen Einschränkung seiner Souveränitätsrechte ausdrücklich festgesetzt wird εἰκόνα τε χαλκῆν ἢ ὕλης ἑτέρας μή ποτε Θευδάτῳ μόνῳ καθίστασθαι, ἀλλὰ γίνεσθαι μὲν ἀεὶ ἀμφοτέροις, στήσεσθαι δέ οὕτως· ἐν δεξιᾷ μὲν τὴν βασιλέως, ἐπὶ θάτερα δὲ τὴν Θευδάτου (Standbilder aus Erz oder anderem Material sollten niemals dem Theodahat allein errichtet werden, sondern stets beiden zusammen, und zwar so, daß die Statue des Kaisers rechts, die des Theodahat links stehe). — Ob die späteren Gotenkönige sich nach dem Ausbruch des Krieges mit Byzanz noch an dieses Angebot gehalten haben, ist unsicher — die Münzen, die im allgemeinen ein getreues Spiegelbild der politischen Lage geben, fallen jedoch, wenn auch vielleicht aus anderen Gründen, von diesem Jahre an als ikonographische Quelle völlig aus, so daß uns die folgenden Gotenkönige Witichis, Hildebad und Erarich ganz unbekannt bleiben. Erst Baduila (Totila) macht hier nach der zweiten Eroberung Roms im Jahre 550 und nach dem endgültigen Scheitern aller Vermittlungsversuche mit Justinian wieder eine Ausnahme, indem er in der Hauptstadt selbst Münzen mit seinem Bilde prägen läßt (Abb. 54). Leider gibt die auf ihnen erscheinende Darstellung nur in ganz groben Zügen eine Vorstellung vom Aussehen dieses in jeder Hinsicht außerordentlichen Mannes, dem es in wenig mehr als einem Jahrzehnt gelungen war, das gotische Reich nach dem vernichtenden Zusammenbruch des Jahres 540 durch eine ganze Reihe glänzender Waffenerfolge und eine ungemein klug geführte Innenpolitik fast in seinem gesamten früheren Umfange wiederherzustellen. Das in voller Vorderansicht wiedergegebene Porträt zeigt ein kräftig gebildetes, kantiges Gesicht, das glattrasiert ist und scheinbar wieder nur den gotischen Oberlippenbart aufzuweisen hat. Unter dem tief in die Stirn gedrückten Spangenhelm wird über den Schläfen eine Fülle gelockten Haares sichtbar, Brauenbögen und Kinn erscheinen stark ausgeprägt, das ganze Gesicht längsbetont und durchaus regelmäßig gebaut. Im übrigen trägt auch dieser Gotenkönig in der mit breiten, gestickten Borten versehenen Kitteltracht und dem beide Schultern bedeckenden Umhang die zwei spezifisch germanischen Kleidungsstücke, die uns bei anderen Darstellungen schon wiederholt begegnet sind.

Damit endet die Reihe der Bildnisse, die uns von den Gotenkönigen überliefert sind. So wertvoll die Bereicherung unseres Wissens sein mag, die uns in einigen der besprochenen Denkmäler zuteil wird, so schmerzlich bleibt die Unvollständigkeit, die hier nach allem immer noch in Kauf genommen werden muß. Sind es doch vielfach gerade die wichtigsten Denkmäler, die der Zerstörung anheimgefallen oder uns aus anderen Gründen für immer verloren gegangen sind. Zwar ist es möglich, daß die planmäßige Erforschung des Bodens, der auch auf diesem Gebiet noch manchen ungehobenen Schatz in sich bergen dürfte, die eine oder andere der bestehenden Lücken in Zukunft noch zu schließen vermag; vieles aber wird uns auch verborgen bleiben für alle Zeiten. Vielleicht ist es gut so, da das grelle Licht eines allzu sicheren Wissens zwangsläufig stets auch eine Spur von Ernüchterung mit sich bringt, indem es Personen wie Dinge heraushebt aus dem matten Dämmerschein der halbmythischen Erinnerung, in dem das Leben nach seinen großen und schönen Gesetzen alles Vergangene versöhnend birgt und verhüllt. So wird uns mit vielen anderen wohl auch die Gestalt des letzten Gotenkönigs Theia stets ungreifbar bleiben, damit aber auch mehr als je Sinnbild des undarstellbaren Heldischen schlechthin und eindringlichste Mahnung an die Größe eines Volkes, das mehr als durch alle Bildwerke unsterblich bleiben wird durch die einsame Erhabenheit seines Untergangs und das verpflichtende Vorbild, das sein letzter König in der Heldenhaftigkeit des Sterbens den Nachfahren aller Stämme und aller Zeiten bis in die fernste Zukunft hinterlassen hat.

3. ABSCHNITT

DIE GOLDSCHMIEDEKUNST

Wenn nach unseren bisherigen Ergebnissen in den Bauten und Denkmälern wie in der Bildniskunst der Goten vielfach ein bewußtes Weiterführen der spätantiken Überlieferung und zum Teil sogar eine ausgesprochene Wiederaufnahme klassischer Traditionen zu verzeichnen ist, so gibt es ein anderes Gebiet künstlerischen Schaffens, für welches diese Feststellungen keinerlei Gültigkeit mehr besitzen. Und zwar ist es die Kleinkunst, die in dieser Hinsicht eine bemerkenswerte Ausnahmestellung innehat, da sich in ihr und vor allem in der gesamten Goldschmiedekunst das arteigene, germanische Formgefühl auch in der fremden Umgebung der spätrömisch-byzantinischen Welt völlig rein und unbeeinflußt erhalten hat. Die gotischen Schmuckformen sind denen der übrigen germanischen Teilvölker ebenso nah verwandt, wie sie sich grundsätzlich unterscheiden von den Schmuckformen der Spätantike. Zwar stammen viele Einzelheiten und in der Regel sogar die Grundtypen des Schmucks auch hier ursprünglich aus der römischen Formenwelt — sie haben jedoch ausnahmslos eine so lange, gelegentlich sogar Jahrhunderte überspannende eigene Entwicklung durchlaufen, daß das Endergebnis in der Regel einer Neuschöpfung praktisch gleichkommt. Die Kraft des dabei entfalteten schöpferischen Eigenwillens zeigt sich nirgends deutlicher als in der Tatsache, daß das politisch so zerrissene und uneinige Germanentum der Völkerwanderungszeit künstlerisch eine durchaus einheitliche Sprache spricht, die sich bei den einzelnen Stämmen höchstens in eine Art Dialekte aufgliedern läßt, in allem Wesentlichen aber vom hohen Norden bis hinunter nach Spanien und Nordafrika ein und denselben Gesetzen gehorcht — die völkische Einheit und die in ihr beruhende Gleichartigkeit des künstlerischen Empfindens haben dem Schaffen der germanischen Stämme auf diesem Gebiet eine Geschlossenheit des äußeren Erscheinungsbildes verliehen, die geradezu einmalig dasteht in der Geschichte der gesamten Kunst.

Als Grundtatsache muß dabei allerdings stets berücksichtigt werden, daß es eine „freie Kunst" im modernen Sinne oder gar eine Kunst als Selbstzweck für den Germanen nie gegeben hat und daß die Äußerungen seines Formwillens stets kultisch oder zwecklich gebunden sind. Das heißt, daß sie in der Regel einen Formträger voraussetzen, der dem Bereiche der

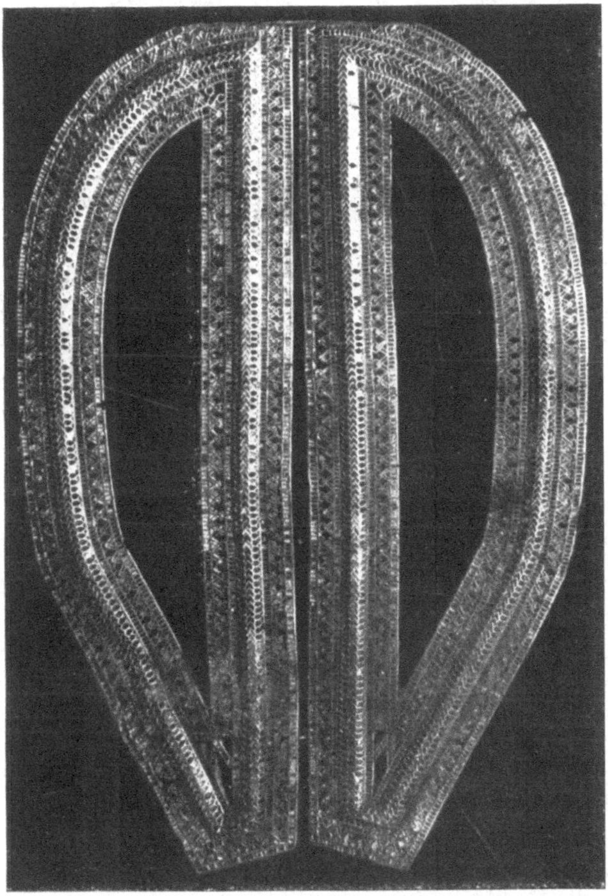

Abb. 60 Goldbeschläge aus einem Gotengrabe in Ravenna (sogen. Panzer des Theoderich)

nächsten dinglichen Umwelt des Menschen entstammt. Infolgedessen hat die germanische Kunst ihre schönsten und reifsten Leistungen stets in der Gestaltung des unmittelbaren Gebrauchsgegenstandes, in der Durchbildung von Waffen und Schmuck, von Gerät und Geschmeide entfaltet. Auf diesem Gebiet sind dann aber — besonders in der Goldschmiedekunst — vielfach Arbeiten entstanden, die an Adel der Form und Kultur des Farbempfindens als vollendete Leistungen angesehen werden müssen und denen nur in den höchsten Blüteperioden dieses

Kunstzweiges bei Griechen, Skythen und Etruskern Ebenbürtiges gegenübergestellt werden kann.
Ein zweites Merkmal ist von ebenso grundsätzlicher Bedeutung für das Verständnis dieser Kunst: Der germanische Künstler strebt nie nach der Schaffung eines Ebenbildes der natürlichen, organischen Form, sondern er sucht stets das Sinnbild, sucht immer nach einer von der äußeren Erscheinungsform losgelösten Formel für das Ding an sich. So wird unter den Händen dieser Leute alles zum Zeichen, zum „Ornament"; so erlangen ihre figürlichen Schöpfungen immer wieder eine seltsame Unwirklichkeit, die jedoch gerade in ihrer gedanklichen Abstraktion von allen Zufälligkeiten der realen Form zugleich auch eine ganz neue eigene Wirklichkeit begründet. Und ebenso ist das Kleinod nie nur Schmuckstück allein — es ist nach germanischen Vorstellungen stets auch Träger übersinnlicher Kräfte und vor allem Träger jenes Heils, das die Goten sich, genau wie wir es heute wieder tun, in ihrer Grußformel wünschten — wir sind davon unterrichtet durch das Gedicht eines Römers der Zeit, in welchem bewegte Klage geführt wird über das Verstummen der Musen während der germanischen Fremdherrschaft, „intra hails Gothorum". Dieses Heil aber, das unendlich viel mehr umschließt als unser Glücksbegriff, wohnt nach germanischer Auffassung vor allem in den Kleinoden, an deren Besitz das Gedeihen ganzer Sippen, ja selbst das Schicksal ganzer Völker hängen kann, und die Kraft, mit der an diesen Vorstellungen festgehalten wurde, läßt sich in bezeichnender Weise veranschaulichen durch die Tatsache, daß die Sagen der germanischen Völker von derartigen Beziehungen zwischen der Familie und Einzelstücken ihrer Habe noch bis in späte Zeiten immer wieder zu berichten wissen.
Damit läßt sich auch erklären, warum das Kleinod selbst häufig eine Gestalt annimmt, die es als Heilsträger besonders geeignet erscheinen läßt. Es sind Gedankengänge dieser Art, denen zufolge es in den Adlerfibeln (Abb. 61) die Form von starken und königlichen Tieren erhält, aus denen heraus es sich in den Fischfibeln (Abb. 62) eng an die Segenskraft eines christlichen Sinnbildes anschließt und in den sogenannten Zikadenfibeln einem weitverbreiteten Symbol des ewigen Lebens folgt. Hinter all diesen Bildungen, die losgelöst sind von der wirklichen Erscheinungsform der Dinge, steckt stets der Zauber des Geheimnisvollen und Rätselhaften, das nur der Kundige ganz zu deuten vermag. Sie sind erfüllt von einer traumhaften Gedankenschwere, die unmittelbar an Frühwerke deutscher Dichtung wie die Merseburger Zaubersprüche gemahnt, in

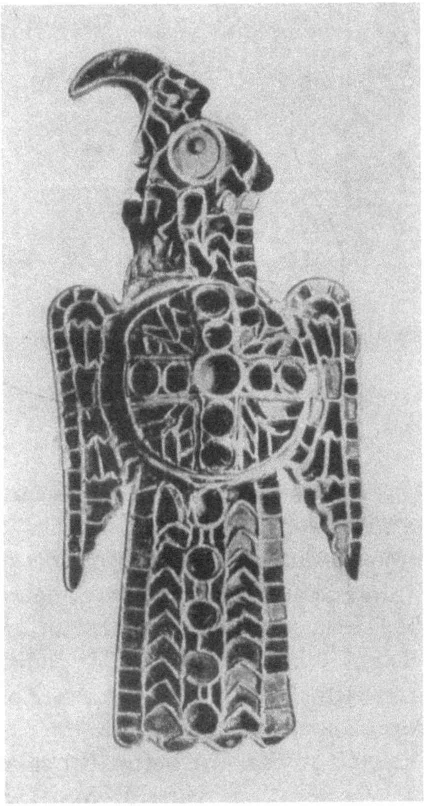

Abb. 61 Paris, Slg. Béhague.
Gewandspange aus dem Gotenfunde von Domagnano

deren unbegreiflich dunklen Gleichnissen dieselbe Heilswirkung sich verbirgt, um im Besitz des Wissenden ihre Kraft voll zu entfalten und auszustrahlen auf die Umwelt, zu der sie in Beziehung gebracht werden.
Und ein letztes muß schließlich ebenfalls noch hervorgehoben werden. In der germanischen Welt haben die Kleinode auch eine reale Bedeutung, die bei anderen Völkern nicht ihresgleichen kennt. Denn mehr als alles andere bezeugten für den Germanen die zur Schau getragenen Kostbarkeiten Stellung, Macht und Ansehen ihres Trägers. Immer wieder erscheint in Geschichte, Dichtung und Sage „der Königshort untrennbar verbunden mit dem Begriff des germanischen Königtums", und selbst in der deutschen Dichtung des frühen Mittelalters spiegeln sich diese

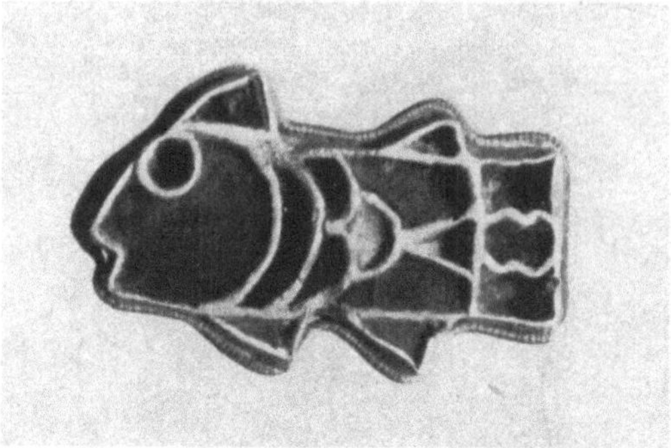

Abb. 62 Florenz, R. Museo Archeologico. Gewandspange in Form eines Fisches

Vorstellungen noch mit aller Deutlichkeit — Kriemhild wird wirklich machtlos erst in dem Augenblick, in dem Hagen ihr jede Gefolgschaftsbildung dadurch unmöglich macht, daß er den Hort der Nibelungen im Rheine versenkt. Es darf daran erinnert werden, daß auch der germanische Gefolgsherr die Treue seiner Gefolgschaft in der Regel nicht mit gemünztem Golde lohnt, sondern mit den Kleinodien seines Schatzes, mit Schwertern, Armreifen, Ringen und anderen Kostbarkeiten, die er unter dem Jubel der Männer verteilt, und wenn Theoderich, wie uns das in den Varien des Cassiodor überliefert ist, seine Goten zur Entgegennahme der „regalia dona“ an den Hof von Ravenna entbietet, so folgt er damit nur einem urgermanischen Brauche, der sich in seinem Volke auch nach der Landnahme auf klassischem Boden unverändert erhalten hatte.

Man muß von diesen Voraussetzungen ausgehen, um die Bedeutung der im folgenden gezeigten ostgotischen Schmuckstücke voll zu verstehen. So verbindet sich in den bekannten, stets paarweise getragenen Adlerfibeln, die in der Regel als Frauenschmuck zu gelten haben, die Heilswirkung eines weitverbreiteten Symbols mit der spezifisch germanischen Freude an der Verwendung kostbaren Materials, die das gesamte Schrifttum der Merovingerzeit gleichsam als Leitmotiv erfüllt, und einem auf das Höchstmaß gesteigerten ornamentalen Können, wie es sich besonders bei dem aus Domagnano in der Republik San Marino stammenden Fibelpaar (Abb. 61) bemerkbar macht. Seine Einzelstücke befinden sich heute im Germanischen Nationalmuseum zu Nürnberg und in Pariser

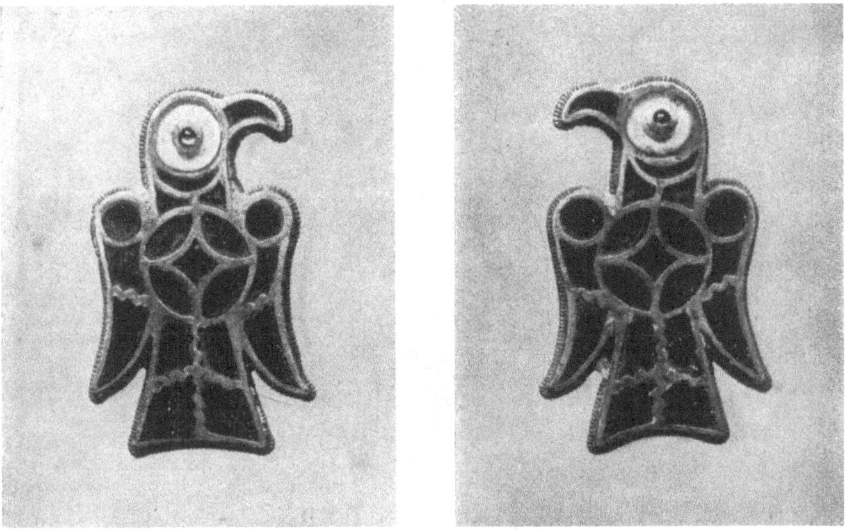

Abb. 63 Rom, Kapitolinisches Museum.
Adlerfibelpaar aus einem Gotengrabe an der Via Appia

Privatbesitz. (Die für dieses Fibelpaar in der wissenschaftlichen Literatur gebräuchliche Fundangabe „Cesena“ ist falsch.) Die hervorragend schönen, aus massivem Gold und plangeschliffenen Almandinen gefertigten Arbeiten gehören in die Glanzzeit des Gotenreiches und sind wahrscheinlich in den letzten Jahrzehnten des fünften Jahrhunderts entstanden, während die auf westgotischem Gebiet gefundenen Stücke sämtlich später zu datieren und offenbar abhängig sind von einer bei den Ostgoten geschaffenen Entwicklungsreihe, deren einzelne Stufen allerdings infolge des Fehlens vieler Zwischenglieder nur mehr mit großen Lücken rekonstruiert werden können.
Ein weiteres italienisches Fibelpaar dieser Art stammt aus einem Frauengrabe an der Via Appia in Rom (Abb. 63) und besteht wie das von Domagnano aus Gold, plangeschliffenen Almandinen und einem Bergkristall als Augeneinlage. In der Schönheit der Form und des Ornaments kann es sich zwar mit den Fibeln von Domagnano nicht messen; jedoch ist auch hier mit einfachsten Mitteln eine bemerkenswerte Geschlossenheit der figürlichen und ornamentalen Komposition erreicht worden. Alle diese Fundstücke gehören in eine auch äußerlich leicht als Einheit erkennbare Gruppe von Goldschmiedearbeiten, die durch künstlerische

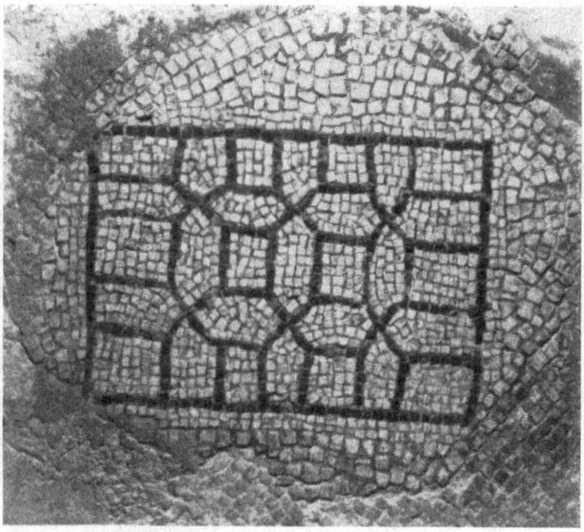

Abb. 64 Ravenna, sog. Exarchenpalast. Mosaikrest aus dem Palast des Theoderich

und technische Merkmale auf das Engste miteinander verwandt und in die Regierungszeit des Theoderich zu datieren sind. Der nach den Berichten mehrerer antiker Schriftsteller in seiner Zeit erreichte Wohlstand wird auf diese Weise auch von den Denkmälern der Kleinkunst getreulich widergespiegelt.

Ohne nähere Begründung kann diesen Fibeln eine Gürtelschnalle im Museo Archeologico des Castello Sforza in Mailand (Abb. 65) beigeordnet werden, die nach der Fundangabe aus dem Flußbett des Lambro (Lombardei) stammt und neben der ornamentalen Gliederung der Platte als einzigen Schmuck die charakteristisch ostgotischen Vogelköpfe aufzuweisen hat, denen zweifellos eine heilbringende oder unheilverhütende Wirkung zugeschrieben wurde. Das gleichfalls ganz aus Gold bestehende, im übrigen nur durch die üblichen plangeschliffenen Almandine verzierte Stück gibt in seiner Kostbarkeit einen deutlichen Hinweis darauf, daß die Berichte des Prokop von dem Reichtum einzelner Goten keineswegs als übertrieben angesehen werden können. Es muß vielmehr als Tatsache angesehen werden, wenn dieser Schriftsteller unter anderem erzählt, Amalaswintha habe vor einer geplanten Ausreise an den byzantinischen Hof neben ihren gesamten Kostbarkeiten allein 400 Zentner Gold mit sich geführt, was nach heutigen Begriffen einem Werte von mehr als 50 Millionen Mark entspricht.

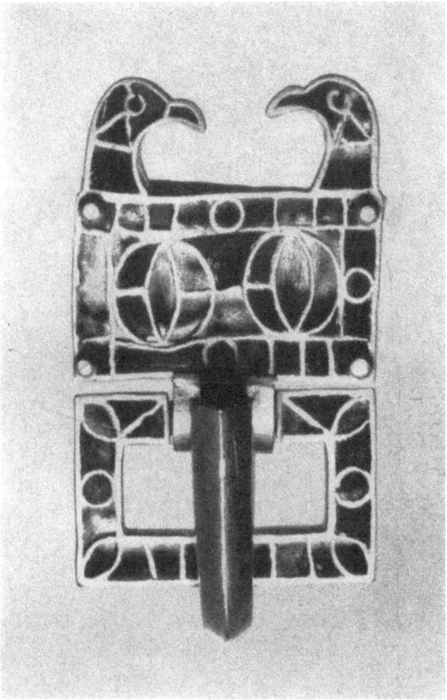

Abb. 65 Mailand, R. Museo Archeologico.
Goldene Gürtelschnalle aus dem Flußbett des Lambro

Im übrigen vereint sich auch hier der Zusammenklang des Goldes mit der tiefweinroten Farbe der plangeschliffenen Almandine zu einer Gesamtwirkung, die man sich nur auf dem Hintergrund der naturfarbenen Leinen- oder Seidengewänder vorzustellen braucht, um ihre volle Schönheit zu erfassen. Diese Kleinode waren der Blickfang und vielfach wohl auch die einzige Verzierung auf dem Gewand des einfachen gotischen Freien.

Der in Abb. 64 wiedergegebene Mosaikrest aus dem Palast des Theoderich in Ravenna mag als ein Beispiel von vielen die starken Rückwirkungen beleuchten, welche das gotische Goldschmiedehandwerk auf anderen Gebieten der bildenden Kunst ausgelöst hat. Ein Vergleich seiner Ornamentik mit der Basisplatte der Mailänder Gürtelschnalle zeigt schlagend die Abhängigkeit der verwendeten Motive von dem Zellenwerk ostgotischer Einlegearbeiten, dessen Formen hier unbedenklich in eine ganz andersartige Technik übertragen worden sind.

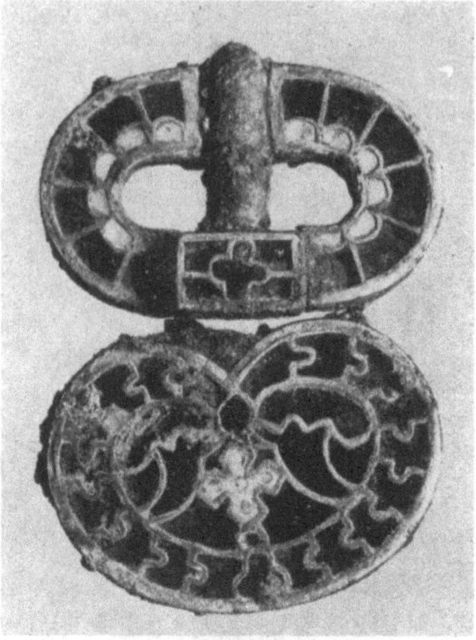

Abb. 66 Rom, R. Museo di Papa Giulio. Gürtelschnalle aus der Sammlung Castellani

Welches überragende ornamentale Können aber auch die im Material weniger kostbaren Schmuckstücke dieser Frühzeit aufzuweisen haben, veranschaulicht sehr schön eine aus der Sammlung Castellani stammende Gürtelschnalle unbekannten italienischen Fundorts im R. Museo Nazionale di Papa Giulio in Rom (Abb. 66). Das auf einer Bronzeunterlage montierte, jedoch starke Vergoldung und reiches Zellenwerk mit breiten Stegen aufweisende Schmuckstück zeigt eine sehr fein abgewogene, klare Gliederung des Ornaments. Im übrigen tritt hier eine weitere, für ostgotische Goldschmiedearbeiten bezeichnende Zusammenstellung grün-weiß-roter Einlagen auf, durch die regelmäßig eine kräftige und sehr saubere Farbwirkung erzielt wird. Bemerkenswert ist bei dieser Schnalle ferner das die Dornbasis schmückende, spezifisch ostgotische Motiv der Kreuzrosette, dessen Auftreten stets als sicheres Kennzeichen gotischer Herkunft oder wenigstens gotischer Beeinflussung eines Schmuckstückes angesehen werden kann.

Seit kurzem sind wir nun aber auch für den italienischen Bereich genau unterrichtet über all das, was in der privaten häuslichen Lebenssphäre zum unmittelbaren Gebrauchsgerät einer vornehmen Gotin gehörte, so

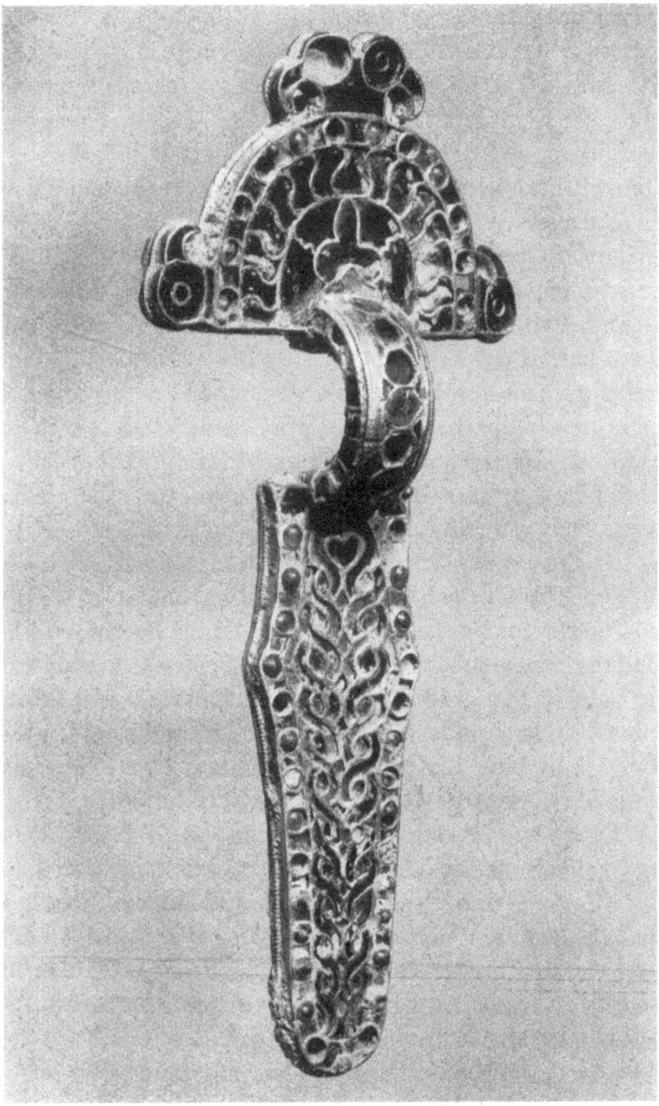

Abb. 67 Turin, Museo di Arte Antica.
Gewandspange aus dem Ostgotenfund von Desana

daß wir uns in direkter Anschauung von dem kulturellen Hochstand zu überzeugen vermögen, der in der Frühzeit des gotischen Reiches unter den Angehörigen dieses begabtesten aller germanischen Völker geherrscht hat. Und zwar werden diese Aufschlüsse einem aus dem oberitalienischen Kunsthandel stammenden, ungemein kostbaren Fundkomplex verdankt, der mit Sicherheit als einheitliches Grabgut einer ostgotischen Doppelbeisetzung — Mann und Frau — erklärt werden kann. Die wichtigsten Einzelstücke dieses durch V. Viale für das Museo Civico di Arte Antica in Turin erworbenen Fundes können mit freundlicher Erlaubnis seines jetzigen Betreuers im folgenden kurz besprochen werden. Sie ergeben zusammengenommen einen ausgezeichneten Überblick über den Formen- und Typenbestand sowie über die Arbeitsweise der gotischen Werkstätten jener Zeit.

Dem Frauengrab dieses Fundes ist das schönste Bügelfibelpaar zuzuordnen, das bisher überhaupt auf ostgotischem Boden gefunden worden ist (Abb. 67). Leider kommt die farbige Wirkung der Stücke, bei denen das Gold der Fassungen mit dem dunklen Grün und dem tiefen Weinrot der teilweise plan, zum andern Teil mugelig geschliffenen Edelsteine (Almandine und Smaragde) sich zu einer hervorragend schönen Einheit verbindet, in den Abbildungen nicht zur Geltung, so daß das Wesentlichste in dieser Hinsicht der Vorstellung überlassen bleiben muß. Von der Kostbarkeit und der ornamentalen Schönheit der beiden Gewandspangen aber, denen sich nur in den größten ungarischen Schatzfunden einigermaßen ebenbürtige Vergleichsstücke zur Seite stellen lassen, gibt die hier wiedergegebene Aufnahme ein gutes Bild. Die auf einer Silberplatte montierten Fibeln erinnern in ihrem Aufbau stark an einen bekannten ostgotischen Typus aus Testona (Prov. Turin), der sich mit Sicherheit in die letzten Jahrzehnte des fünften Jahrhunderts datieren läßt. Damit wird auch die Zeitstellung der beiden neugefundenen Stücke eindeutig festgelegt — sie gehören zwar einer etwas jüngeren Entwicklungsstufe an, fallen aber, wie die meisten der bisher behandelten Arbeiten, unter allen Umständen noch in die Glanzzeit des gotischen Reiches unter Theoderich und sind spätestens kurz nach 500 entstanden. Die Tatsache, daß die Vogelköpfe der Kopfplatte sich unmittelbar mit denen einer frühen, ebenfalls noch dem fünften Jahrhundert angehörenden Bügelfibel aus Fano (Prov. Pesaro) vergleichen lassen, bietet eine willkommene Bestätigung für diesen zeitlichen Ansatz. Eine bekannte Goldschale aus dem Schatz von Gourdon in der Pariser Bibliothèque Nationale, die zusammen mit

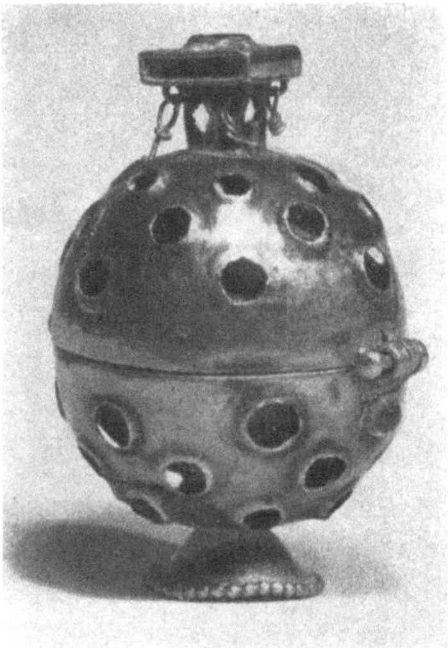

Abb. 68 Turin, Museo Civico di Arte Antica.
Salbgefäß aus dem Ostgotenfund von Desana

oströmischen Münzen aus der Zeit von 457-527 gefunden wurde und in der man schon immer eine ostgotische Arbeit vermutet hat, stammt wahrscheinlich aus der gleichen Werkstatt, der unser Fibelpaar zu verdanken ist.

Zu diesen in den Ostgotengräbern geläufigen Fundstücken tritt dann eine ganze Anzahl anderer und sehr seltener Beigaben, die jedoch gerade deswegen für unsere Kenntnis der Zeit von größter Wichtigkeit sind. In erster Linie ist hier ein doppelwandiges Salbgefäß zu nennen (Abb. 68), das wieder ganz aus Gold besteht und ursprünglich durch 42 mugelig geschliffene Amethyste verziert war, von denen vier noch in ihren Fassungen sitzen. Die Annahme, daß es sich dabei um ein Gefäß zur Aufnahme von Salbe oder Schminke gehandelt hat, kann als wohlbegründet gelten, da auch eine sprachliche Tatsache diese Erklärung nahelegt: Das gotische Wort für Schminke, „smikwa“ lebt noch heute in oberitalienischen Dialekten fort und beweist bündig die Bedeutung, welche den Mitteln zur Körperpflege in der gotischen Frauenwelt beigemessen worden ist.

Und wenn man daran zweifeln könnte, ob das sehr kostbare Gefäß auch seiner Herstellung nach gotisch ist, so gibt es für diese Tatsache ebenfalls einen schlüssigen Beweis. Neben der Art der Steinverwendung

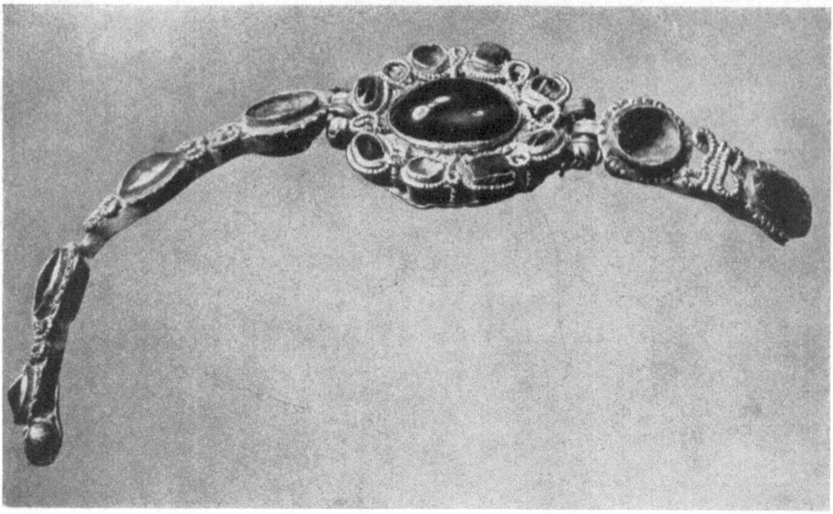

Abb. 69 Turin, Museo Civico di Arte Antica.
Goldarmband aus dem Ostgotenfund von Desana

und der Steinfassung, die allein schon in starkem Maße für eine gotische Werkstatt sprechen, ist in dieser Hinsicht vor allem der sehr einfach, aber ebenso geistreich konstruierte Verschluß — es handelt sich um einen Stab mit durchgehender Längsrinne, der durch einen Zapfen festgehalten und vor jedem Herausfallen gesichert wird — von entscheidender Bedeutung. Dieser Verschluß kehrt nämlich genau gleichartig wieder auf einem demselben Frauengrab angehörenden zweiteiligen Armband aus massivem Gold, das durch 26 verschiedenartig geschliffene Almandine sowie 52 winzige Smaragde verziert und ohne jeden Zweifel in einer germanischen Werkstatt entstanden ist. Der bei ihm öfters vorkommende spitzovale Schliff der Edelsteine stellt eine spezifisch gotische Eigentümlichkeit dar, die sich schon bei ungarischen Schatzfunden des frühen fünften Jahrhunderts nachweisen läßt und von da an in den gotischen Werkstätten kontinuierlich weiter in Anwendung blieb. Wie überhaupt festgestellt werden muß, daß die Mehrzahl aller Schmuckstücke dieses Fundes ihre Entstehung gotischen Handwerkern verdankt und damit erneut Zeugnis ablegt für den hohen Stand, den die Goldschmiedekunst dieses Volkes zur Zeit der Landnahme in Italien erreicht hatte.
Auch einige andere der zu diesem Frauengrab gehörenden Kleinode sind unter dem erwähnten Gesichtspunkt von erheblicher Bedeutung. So zeigt

das in Abb. 69 wiedergegebene dreiteilige Goldarmband, das inmitten von reichem Filigran einen großen, mugelig geschliffenen Amethysten trägt und außerdem durch Almandine, einen Onyx und Türkise verziert ist, in der ungemein kraftvollen und ursprünglichen handwerklichen Arbeit, in dem Filigran und den spezifischen, groben Fassungen der Edelsteine ebensoviel klare Merkmale germanischen Ursprungs wie in den Eigentümlichkeiten der Steinbearbeitung, unter denen der auch hier wiederkehrende spitzovale Schliff der Almandine und die in gleicher Weise bezeichnende rohe Fazettierung der Türkise besonders hervorzuheben ist. Man versteht, daß um Kleinode dieser Art so erbitterte Kämpfe entbrennen konnten, wie sie Procop (Bellum Gothicum 3, 24) in seiner Schilderung der zweiten Belagerung Roms im Jahre 546 n. Chr. beschrieben hat: Ein bei dieser Gelegenheit vor den Toren der Stadt entbranntes Gefecht drehte sich geraume Zeit ebenso sehr um das goldene Armband eines gefallenen gotischen bandalarius wie um das Banner des Totila, das der Tote in der gleichen Hand getragen hatte. Beides wurde schließlich gerettet; das Kleinod allerdings nur dadurch, daß man dem Gefallenen kurzerhand den linken Arm abhieb. Wenn der byzantinische Geschichtsschreiber bei dieser Gelegenheit erzählt, die Goten hätten dies getan φεύγοντες δηλονότι τὴν ἀπὸ τοῦ ἔργου αἰσχύνην (um der Schmach zu entgehen, die sein Verlust für sie mit sich gebracht hätte), so spiegeln sich in dieser Bemerkung deutlich die bereits hervorgehobenen Heilsvorstellungen, deren Wirksamkeit nicht klarer zum Ausdruck hätte kommen können.

Eine besondere Erwähnung verdient auch die in Abb. 70 wiedergegebene Halskette, welche in erster Linie durch die ihr eingefügten Edelsteine zu wirken versucht. Ein zylindrisch geschliffener, ungefaßter Türkis wird zu beiden Seiten von je einem mugelig geschliffenen Almandin flankiert, von denen der rechte in einer tiefen, wannenförmigen Fassung sitzt, während der linke eine ziemlich grobe, aber flache und mit Kerbdraht versehene Goldfassung aufzuweisen hat, die in gleicher Form auch bei den verbleibenden Steinen, zwei besonders großen und reinen Amethysten wiederkehrt. Der kleinere von ihnen ist mugelig geschliffen und glatt, während der größere wiederverwendet ist und als hervorragend geschnittener Cameo der frühen Kaiserzeit größte Beachtung verdient. Auch diese Schmuckkette verdankt ihre Entstehung einwandfrei einer gotischen Werkstatt, da die Technik der Steinfassungen als ebenso typisch gotisch wie gänzlich unantik bezeichnet werden muß.

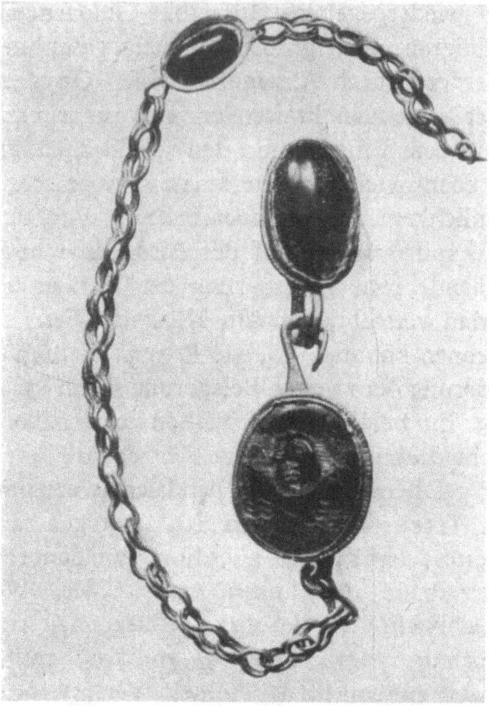

Abb. 70 Turin, Museo Civico di Arte Antica.
Schlußglied einer Zierkette aus dem Ostgotenfund von Desana

Schon N. Åberg hat mit Recht darauf hingewiesen, daß die grobe, völlig ungekünstelte Art der handwerklichen Arbeit, wie sie hier greifbar wird, eine der bezeichnendsten Eigentümlichkeiten gotischer Goldschmiedekunst darstellt. Die im germanischen Bereich weitverbreitete Verwendung des gekerbten Golddrahtes bei den Fassungen bestätigt dieses Ergebnis mit allem Nachdruck, zumal eine in dem ungarischen Gotenfund von Puszta Bakod gefundene Zierkette in diesen und anderen technischen Eigentümlichkeiten so genau mit dem italienischen Schmuckstück übereinstimmt, daß eine Herkunft beider Arbeiten aus der gleichen Werkstatt als sicher gelten kann.

Von großer Schönheit ist weiter ein Toilettengerät (Abb. 71) aus vergoldeten und nielloverziertem Silber, zu dem sich wieder nur in gotischen Schatzfunden des fünften Jahrhunderts, in Untersiebenbrunn, Rába-Pordány und Bácsordos Parallelen nachweisen lassen. Das italienische

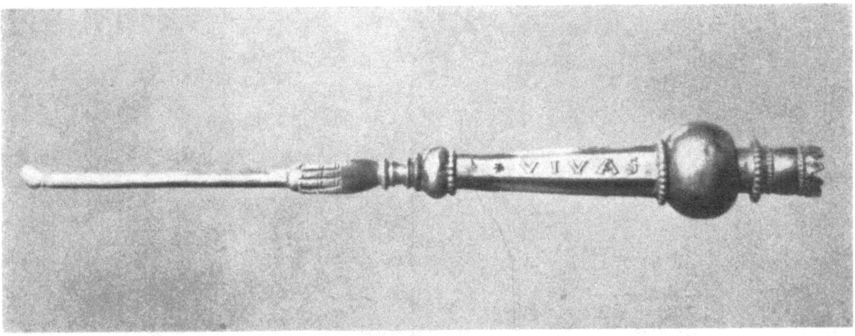

Abb. 71 Turin, Museo Civico di Arte Antica.
Silbernes Toilettengerät aus dem Ostgotenfund von Desana

Fundstück übertrifft jedoch die ungarischen sowohl in der künstlerischen Lösung wie in der Kostbarkeit der Ausführung um ein Beträchtliches. Auf dem sechskantigen Griff ist die in der Spätantike weit verbreitete Heilsformel VIVAS IN DEO angebracht, in welcher leider der entscheidende Teil des auf -ANI endenden Namens weggebrochen ist. Auch diese Arbeit muß im späteren fünften Jahrhundert entstanden sein, so daß der ganze Fundkomplex, der durch mehrere Ohrringpaare, Ohrgehänge und Fingerringe vervollständigt wird, seiner Zeitstellung nach ein durchaus einheitliches Bild darbietet.

Und wie es in den zahlreichen Beschreibungen merovingerzeitlicher Schätze kaum einen Hort gibt, zu dem nicht ein meist mit seinem genauen Gewicht verzeichneter Satz von Silberlöffeln gehört, so sind auch in dem vorliegenden italienischen Gotenfund die Löffel in großer Zahl und in den verschiedensten Typen vertreten. Zu den drei reich verzierten Exemplaren der in Abb. 72 wiedergegebenen Form gesellen sich zwei größere Schöpflöffel, die abermals eine der bekannten, von V. Viale wohl richtig als VIVA C(A)ES(AR) — VIVAS IN DEO — VTERE FELIX gelesenen Heilsinschriften tragen. Dazu kommt neben zwei wenig ansehnlichen Stücken ein besonders schöner Löffel von sehr eleganter Form, der stark vergoldet ist und anstelle des gewöhnlichen Verbindungsplättchens zwischen Kelle und Stiel eine Art Greifenkopf mit punktgroßen Augeneinlagen aus Lapislazuli aufzuweisen hat (Abb. 73). Auch diese Einzelheit erinnert stark an ähnliche Bildungen bei germanischen Goldschmiedearbeiten des frühen sechsten Jahrhunderts — so zeigt beispielsweise ein mit der bereits erwähnten Goldschale von

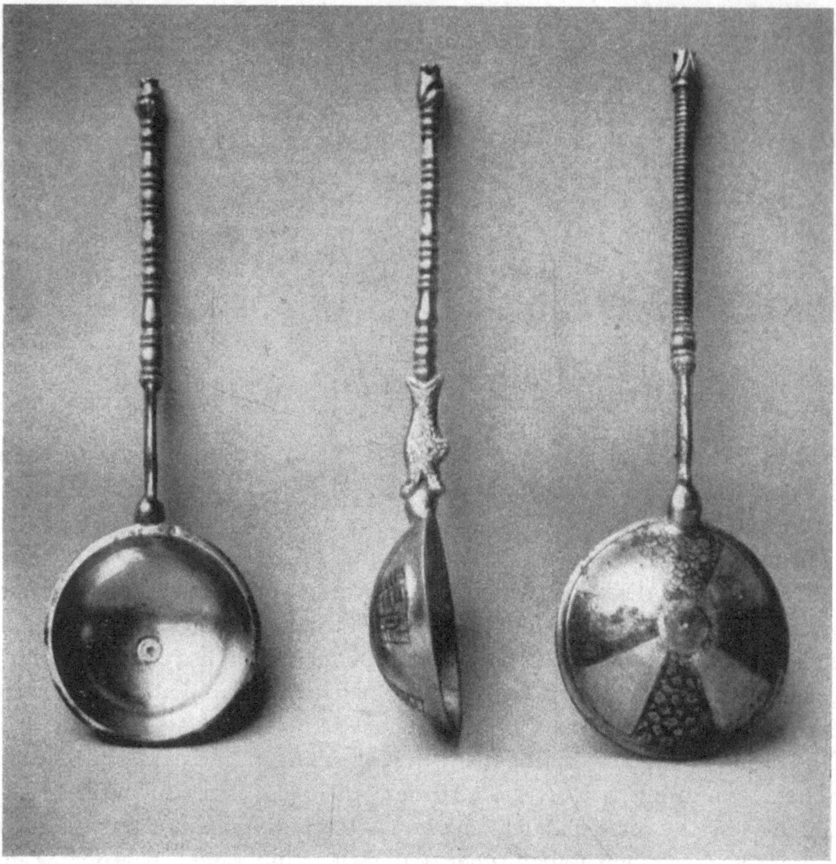

Abb. 72 Turin, Museo Civico di Arte Antica.
Silberlöffelsatz aus dem Ostgotenfund von Desana

Gourdon zusammengefundener Kelch eine Henkelform, die in völlig entsprechende Vogelköpfe ausläuft. Und schließlich gehört dem Funde von Desana dann noch ein Satz von elf Löffeln spätrömischer Form an, deren nächste Parallele in dem berühmten Silberlöffel der Basena aus einem thüringischen Grabe in Weimar vorliegt und somit den bereits für die meisten übrigen Einzelstücke unseres Fundes gewonnenen Zeitansatz erneut nachdrücklich bestätigt — die engen Beziehungen, die zwischen dem thüringischen Hofe und den Amalern herrschten, sind bekannt und kommen in dem Gräberfeld von Weimar auch auf andere Weise klar zum Ausdruck. Die Mehrzahl dieser Löffel trägt auf dem

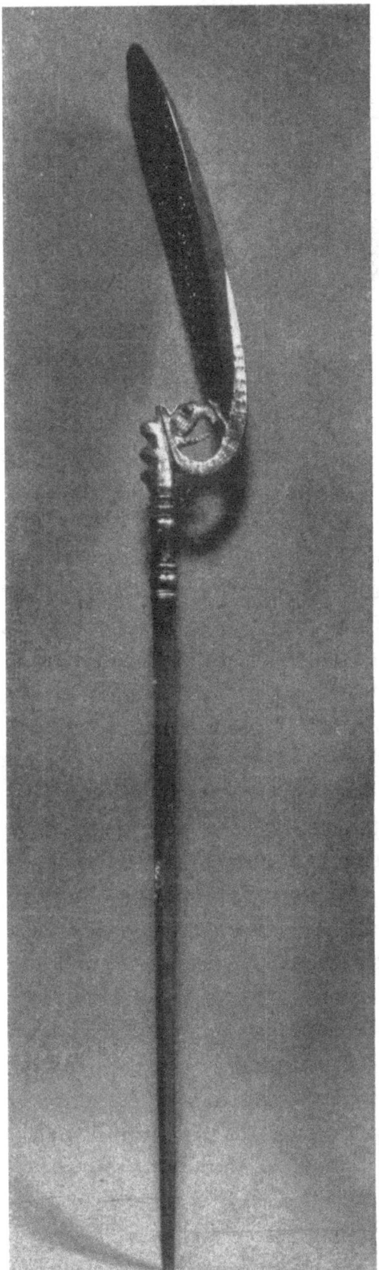

Abb. 73 Turin, Museo Civico di Arte Antica. Prunklöffel aus dem Ostgotenfund von Desana

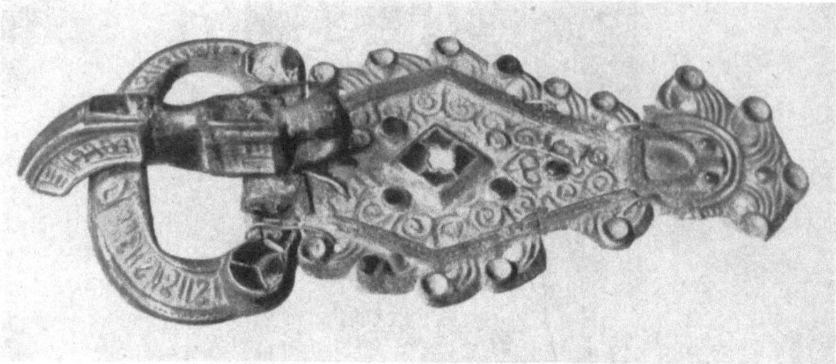

Abb. 74 Pavia, Museo Civico. Gürtelschnalle aus einem ostgotischen Frauengrabe von Torre del Mangano (Pavia)

Verbindungsstück von Kelle und Stiel außer dem Christuszeichen ein Besitzermonogramm, aus dem sich die Buchstaben GNDLA mit Sicherheit herauslesen lassen (Gundeliva?). Ob es daraufhin gewagt werden darf, die Löffel und mit ihnen das gesamte Grabgut der unter dem Namen Gundeliva bekannten Gemahlin des Theodahat zuzuschreiben, muß freilich dahingestellt bleiben, obwohl die ungewöhnliche Kostbarkeit der in dem neuen Funde vertretenen Arbeiten diese Annahme an sich sehr begünstigt. Der Gesamtkomplex braucht auch mit den bedeutendsten germanischen Funden einen Vergleich nicht zu scheuen und ist sicherlich einer hervorragenden Persönlichkeit der Gotenzeit zuzuweisen, für deren Reichtum er ein ebenso beredtes Zeugnis ablegt wie für den Kulturstand der ganzen Epoche. Das zugehörige Männergrab war etwas einfacher ausgestattet; doch gehört auch ihm außer einigen Silberfibeln römischer Form und einem Teil der erwähnten Ringe eine goldene Konsularfibel an, welche vermuten läßt, daß es sich bei dem in ihm Bestatteten ebenfalls um eine hervorragende Persönlichkeit gehandelt hat. Die aus diesem Grab stammenden Arbeiten können in diesem Rahmen wegen ihres römischen Charakters jedoch übergangen werden.

Die untereinander eng verwandten Kleinodien des Fundes von Desana bilden zusammen mit den eingangs besprochenen Schmuckstücken eine geschlossene Gruppe von Arbeiten, die in ihrer Gesamtheit als typisch für die Glanzzeit des gotischen Reiches unter Theoderich angesehen werden können. Was an Schmuck später entstanden ist, hebt sich deutlich ab von den Erzeugnissen dieser Zeit. Die kostbaren Einlagearbeiten des „polychromen Stils“ verschwinden fast völlig, die Verwen-

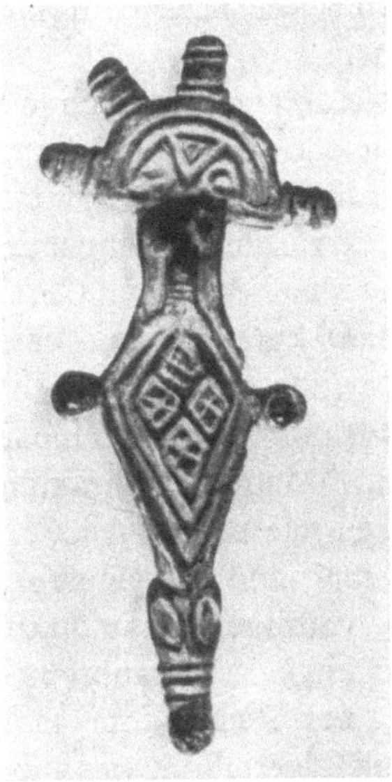
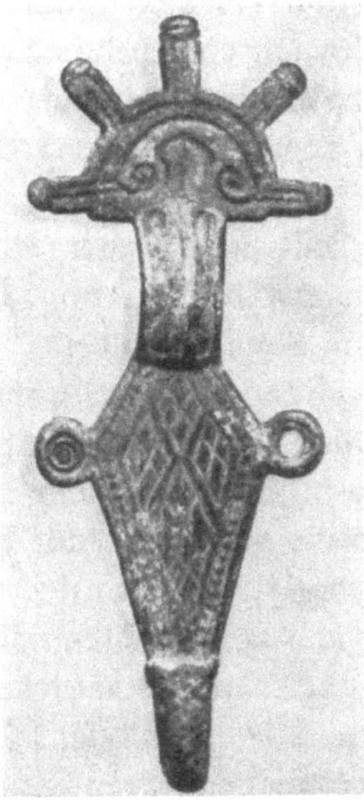

Abb. 75 Ostgotische Gewandspangen aus der Verfallszeit
a) aus Mittelitalien (links) b) aus dem Trentino (rechts)

dung von Edelsteinen tritt immer mehr zurück, und das Gold wird immer seltener — ein deutliches Anzeichen für die Minderung des allgemeinen Wohlstandes, welche der unglückliche Verlauf des Gotenkrieges mit sich gebracht hat. Zwar entstehen auch jetzt noch Arbeiten von großer Schönheit, und besonders die Gürtelschnallen entwickeln sich im zweiten Viertel des sechsten Jahrhunderts zu ausgesprochenen Prachttypen (Abb. 74). Aber auch diese hochentwickelten Stücke zeigen im Laufe der Entwicklung eine immer geringer werdende Steinverwendung und bestehen in der Regel nur noch aus Bronze oder bestenfalls aus Silber. Die in Abb. 75a wiedergegebene Bügelfibel ist bezeichnend für den um die Mitte des sechsten Jahrhunderts erreichten Stand der Dinge: Noch sind in der rhombischen Fußplatte, in den typisch gotischen Ornamentmotiven und in den mugelig geschliffenen Almandinen alle Kennzeichen gotischer Herkunft vorhanden, aber der Verfall der handwerklichen und künstlerischen Überlieferung ist bereits unaufhaltsam geworden und die Armut drängend. Selbst ein — an den Prachtstücken der Glanzzeit gemessen — so bescheidenes Erzeugnis hat eine antike Flickung aufzu-

weisen und erschien einmal zu wertvoll, um nach dem am Bügel erfolgten Bruch eingeschmolzen zu werden.
Geradezu erschütternd aber wirkt der Niedergang, der sich in den Fundstücken bemerkbar macht, die der Zeit nach dem Untergang des Ostgotenreiches zugewiesen werden müssen. Vor allem ist hier eine Gruppe von eng mit dem vorhergehenden Stück zusammenhängenden Bronzefibeln zu erwähnen (Abb. 75 b), die ganz am Ende der Geschichte des gotischen Kunsthandwerks stehen als Dokumente eines beispiellosen Verfalls. Ebenso armselig im Material wie in der künstlerischen Arbeit bezeichnen sie die letzte Stufe der Entwicklung, über die hinaus ein weiteres Absinken nicht mehr möglich war. Man muß die kümmerlichen Erzeugnisse dieser Art mit Prachtstücken wie den in Abb. 67 gezeigten Fibeln vergleichen, um den vollen Umfang und das ganze Ausmaß der Katastrophe zu begreifen, die sich hier vollzogen hat und um das ganze Elend der ihrer staatlichen Selbständigkeit beraubten Goten zu begreifen, die nach dem Untergang des Reiches im Jahre 553 in Italien verblieben waren. Es ist durchaus folgerichtig, wenn diese Stücke in größerer Zahl nur noch in ausgesprochenen Rückzugsgebieten, in den Seitentälern des Trentino vorkommen und auf diese Weise die tatsächliche Existenz der von den Sprachforschern dort längst vermuteten Gotensiedlungen aus der Zeit nach dem Ende des gotischen Staates sicher beweisen.
Gerade diese Tatsache aber zeigt mit aller Klarheit, daß es falsch ist, wenn durch die Geschichtsforschung aus den gotischen Reliktwörtern in der italienischen Sprache und aus den Begriffskreisen, in denen diese Wörter sich bewegen, verallgemeinernde Rückschlüsse auf die Lebensformen der Goten an sich gezogen werden und wenn etwa, um nur ein Beispiel zu nennen, aus ihnen gefolgert wird, die gotische Lebenssphäre habe sich in der Regel in einem kleinbäuerlichen Rahmen gehalten, was ganz sicher nicht der Fall war. Die Wörter, welche in der Umgangssprache erhalten geblieben sind, entstammen naturgemäß zum großen Teil einer nach dem Untergang des gotischen Reiches noch fortdauernden Sprachübung und stehen durchaus auf gleicher Stufe mit den oben erwähnten Fibeln der Spätzeit. So wenig wir aber berechtigt sind, aus diesen dürftigen Arbeiten Folgerungen allgemeiner Art in Bezug auf die Fähigkeiten der gotischen Werkstätten abzuleiten, so wenig können die Begriffskreise, zu welchen diese Wörter sich zusammenschließen, im absoluten Sinne als verbindlich angesehen werden: Wörter wie Sachen be-

wegen sich hier vielmehr in der gleichen niederen Sphäre, weil ihr Fortleben durch die soziale Lage des nach der Schlacht am mons lactarius in Italien verbliebenen Restgotentums entscheidend mitbestimmt worden ist. Wie verächtlich diese landfremden Leute aber nach dem Untergang ihres Reiches behandelt werden konnten und welcher Grad von Verelendung hier erreicht worden ist, zeigt die Gegenüberstellung der erwähnten späten Arbeiten mit denen der Glanzzeit ebenso klar wie die Bedeutungsverschlechterung, die bei vielen gotischen Wörtern noch heute handgreiflich festgestellt werden kann: Wenn etwa aus dem gotischen „wainon" in manchen italienischen Dialekten der Begriff „winseln" entstehen konnte, so offenbart sich in diesem Vorgang das ganze Unglück jener Menschen über die Jahrhunderte hinweg mit einer so erschütternden Deutlichkeit, daß auch lange Abhandlungen sie nicht eindringlicher zu schildern vermöchten. Die Zeit des noch bestehenden Reiches und ihre Verhältnisse aber werden durch diese Dinge in keiner Weise berührt.

Das gilt um so mehr, als es auch eine andere Entwicklungslinie gibt, deren Ausklang sich nicht so düster darstellt, wie es in dem erwähnten Beispiel der Fall ist. Als die Langobarden 15 Jahre nach dem Untergang des gotischen Reiches in Italien einzogen, fanden sie, wie schon Åberg erkannt hat, an vielen Stellen Italiens noch gotische Werkstätten vor, deren Tradition nicht abgerissen war und die daher ohne weiteres mit neuen Aufträgen bedacht werden konnten. Diese Goldschmiede arbeiteten in den ihnen geläufigen Formen auch unter den Langobarden weiter, wobei es zu einer späten Nachblüte des gotischen Kunsthandwerks kam, von welcher die in Abb. 76 wiedergegebene Bügelfibel aus Imola (Forum Cornelii) Zeugnis ablegen mag. Wie der Fibeltyp mit rhombischer Fußplatte selbst gotischen Ursprungs ist, so lebt hier die Kunst der Steineinlage fast unverändert weiter fort, was sich bei dieser Fibel durch einen Vergleich mit der oben erwähnten Gürtelschnalle in Pavia (Abb. 74) besonders schön dartun läßt. Und selbst so bezeichnende Einzelmotive wie die in ihrer Bedeutung bereits hervorgehobene Kreuzrosette kehren als sicheres Kennzeichen gotischer Herkunft noch bei diesen in die Langobardenzeit gehörenden Arbeiten wieder. Eine ganze Reihe anderer Fundstücke bezeugt in gleicher Weise den tiefgehenden Einfluß, den die gotischen Werkstätten auf die langobardische Goldschmiedekunst lange Zeit nach dem Untergang des Gotenreiches in Italien noch ausgeübt haben.

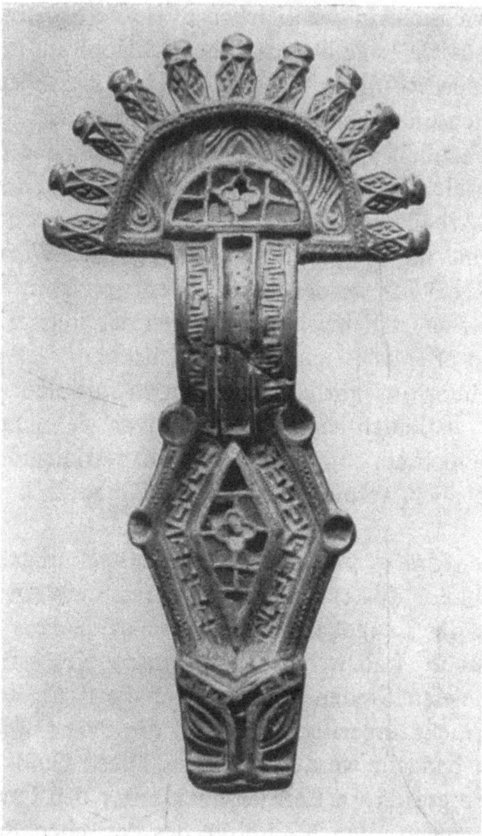

Abb. 76 Imola, Museo Comunale.
Langobardische Gewandspange von ostgotischem Typus

In der sogenannten karolingischen Renaissance lebt dann in noch späterer Zeit am fränkischen Hofe neben der klassisch-antiken Überlieferung auch eine Menge gotischen Formengutes wieder auf. Vor allem aber hat die deutsche Volkskunst in unbeirrbarer Weitergabe von Geschlecht zu Geschlecht eine Fülle von Motiven, Sinnbildern und Formen bewahrt, deren ostgotischer Ursprung klar bewiesen werden kann. Es würde zu weit führen, von diesen Dingen hier ausgiebiger zu reden; betont sei lediglich, daß sich auf deutschem Boden eine in allem Wesentlichen durchaus konstante Entwicklungslinie nachweisen läßt, die von ostgotischen Vorbildern über fränkische und alamannische Vermittlung

in die Kunst des deutschen Mittelalters und von da bis in die Volkskunder Gegenwart führt. Künftige Forschungsarbeit wird auch diese Zusammenhänge zu erfassen und zu klären vermögen.
So spiegelt sich in den Bodenfunden getreulich Glanz und Elend, Glück und Untergang des begabtesten Volkes, das der germanische Raum je hervorgebracht hat. Von dem, was Baumeister, Bildhauer und Goldschmiede, Germanen wie Römer unter der gotischen Herrschaft geschaffen haben, ist wenig genug erhalten geblieben; selbst dieses Wenige aber zeigt noch ein Gesamtbild, das imponierend ist wie die großen Herrschergestalten der gotischen Geschichte und in jeder Einzelheit bei voller Wahrung der völkischen Eigenart den immer wieder sich abzeichnenden bewußten Willen zur Übernahme des Erbes erkennen läßt, welches das selbst in seinem Verfallsstadium noch unerhört großartige Imperium Romanum hinterlassen hatte. Daß den Goten die Kraft und die Fähigkeit gegeben war, nicht nur das politische Leben, sondern auch das Kulturbild ihrer Zeit entscheidend zu beeinflussen, kann schon auf Grund ihrer eigenen kulturellen Leistungen nicht bezweifelt werden — mehr noch als das eigene Werk aber zeugt dafür der Sinn für das wahrhaft Große, mit dem sie dem unabwendbaren Niedergang der antiken Welt noch einmal, wenn auch nur für kurze Zeit, Einhalt zu bieten wußten. Der Leitgedanke des großen Theoderich — nova construere sed amplius vetusta servare — hat sich in den Werken seiner Regierungszeit, die den Römern in der Erinnerung bald als ein letztes „goldenes Zeitalter" erscheinen sollte, zwar wirklich erfüllt; im Grunde aber ging dieser Versuch, Unhaltbares zu halten genau so über die menschliche Kraft wie die Verwirklichung der politischen Staatsidee des italischen Gotentums. Nur eine so übermächtige Persönlichkeit wie Theoderich vermochte aus diesem von Römern verwalteten und von Goten militärisch geschützten italienischen Staat wirklich eine Einheit zu bilden, die lebensfähig war. Jeder weniger Begabte aber mußte an dieser Aufgabe notwendig scheitern. So ist sein Reich dann auch schnell zerbrochen, obwohl unter seinen Nachfolgern in Baduila noch einmal ein Staatsführer von weit überdurchschnittlichem Format auftrat, der nach den Worten eines Historikers des vergangenen Jahrhunderts nur durch sein Unglück daran gehindert wurde, unter den größten Gestalten der Weltgeschichte den Platz einzunehmen, welcher ihm auf Grund seiner Leistungen von Rechts wegen zugekommen wäre.

Der in seiner Hinterlassenschaft noch heute so gewaltige Komplex der antiken Welt aber, der zu Beginn des sechsten Jahrhunderts noch einmal mächtig aufzuleben begonnen hatte, verdankt seine Erhaltung zu einem nicht geringen Teil den Goten, von denen hier die Rede war und mit deren Vernichtung das antike Rom in Wahrheit erst seinen endgültigen Zusammenbruch erlebte. Allen voran aber ist er dem Könige der Goten verpflichtet, der zugleich letzter antiker Princeps und erster König von Italien war, Theoderich dem Großen oder, wie wir ihn nach der alten und schönen Überlieferung unseres Volkes lieber nennen, dem Heldenkönige Dietrich von Bern.

ERKLÄRUNG DER IM VORSTEHENDEN ANGEWANDTEN FACHAUSDRÜCKE

Ambo = Kanzel.

Bügelfibel = Leitform der germanischen Gewandspangen (s. auch u. Fibel).

Cameo = Geschnittener Stein mit erhaben herausgearbeiteter figürlicher Darstellung.

Chlamys = Aus einem Stück gearbeiteter Mantel griechischen Ursprungs.

Consulardiptychen = Von den römischen Consuln vergebene Diptychen (s. dort).

Cubicularius regis = Königlicher Kämmerer bzw. Kammerherr.

Diptychon = Zusammenklappbare antike Schreibtafel, in der Regel aus Elfenbein gefertigt und bildlich verziert.

Exarchen = Statthalter in den byzantinisch gebliebenen Teilen des Westreiches.

Fibel (fibula) = Gewandspange mit fest angebrachter Nadel.

Filigran = Verzierung aus in bestimmten Mustern zusammengelöteten, gekerbten Golddrähten.

Hypäthralbasilica = Bauanlage von basilikalem Typus mit ungedecktem Mittelschiff.

Ikonographie = Forschungszweig, der sich mit der Bestimmung und Deutung antiker Bildnisse befaßt.

Interkolumnien = Zwischenräume der Säulen bei einem Hallenbau u. dgl.

Kämpfer = Gesims oder vorspringender Stein zum Tragen eines Bogens.

Magister officiorum = Hoher Staatsbeamter, dessen Amt etwa dem eines Kanzlers entspricht.

megalithisch = Mit großen Felsblöcken arbeitende Bauweise der nordischen Steinzeit.

Missoria (sing. Missorium) = Bildlich verzierte Schalen aus Edelmetall, die in der Regel bei feierlichen Anlässen für hochgestellte Persönlichkeiten angefertigt oder von ihnen verschenkt wurden.

mugeliger Schliff = Allseitig halbrunder Schliff von Edelsteinen

Panegyricus = In dichterischer Form gestaltete Lobrede auf einen lebenden Herrscher, Fürsten u. dgl.

Peristyl = Bauanlage mit ringsumlaufenden Säulenstellungen.

Polychromer Stil = Germanische Edelsteintechnik, die mit vielfarbigen Steineinlagen in geschlossener Fläche arbeitet.

Porticus = Säulenhalle oder mit Säulen geschmückter Umgang.

Princeps = Im Namen des Senates regierender Führer des römischen Staatswesens in den ersten Jahrhunderten nach Christus.

Prinzipat = Verfassungsrechtliche Staatsform des Römischen Imperiums, an dessen Spitze der Princeps steht, in den ersten Jahrhunderten nach Christus.

Pteryges = Bis an die Knie reichender Oberschenkelschutz des antiken Panzers.

Triclinium = Großer Speise- und Repräsentationsraum, der ursprünglich mit drei Speiselagern (Klinen) versehen war.

LITERATURVERZEICHNIS

Für Leser, welche sich mit dem in dieser Schrift behandelten Stoff eingehender zu beschäftigen wünschen, wird nachstehend ein Verzeichnis der wichtigsten Quellen und des neueren wissenschaftlichen Schrifttums gegeben. Von den angeführten Werken aus läßt sich leicht ein Überblick über die gesamte einschlägige Literatur gewinnen.

1. Geschichtliche Quellen

Agathias, Historiae, ed. Niebuhr, Corpus Script. Hist. Byzant. 3, Bonn 1828.

Agnellus, Liber Pontificalis, ed. Bacchinius, Modena 1708.

Anonymus Valesianus, Fragmenta ed. Mommsen, Chron. Min. I 308ff., Berlin 1892.

Cassiodor, Variae, ed. Mommsen, Mon. Germ. Hist. 12, Berlin 1894.

Ennodius, Panegyricus Dictus Clementissimo Regi Theoderico, Corpus Scriptorum Ecclesiasticorum 6, Wien 1882.

Jordanes, Getica, ed. Mommsen, Mon. Germ. Hist. 5, Berlin 1882.

Procopius Caesariensis, Bellum Gothicum, ed. J. Haury, Leipzig 1905/1913.

2. Neuere geschichtliche Literatur

M. Brion, Theoderich, König der Ostgoten, deutsch von F. Buchner, Frankfurt a. M. 1936.

W. Capelle, Die Germanen der Völkerwanderungszeit, Stuttgart 1939.

Ch. Diehl, Théodora, Impératrice de Byzanze, Paris 1927.

W. Ensslin, Das Römerreich unter germanischer Waltung. Das neue Bild der Antike 2, 412ff, Leipzig 1942.

R. Much, Deutsche Stammeskunde 3, Berlin 1920.

Pauly-Wissowa, Realencyklopädie der klassischen Altertumswissenschaft, Stuttgart 1894ff. Artikel: Amalaswintha, Athalarich, Theodahat, Theoderich, Teia, Totila u. a.

G. Pfeilschifter, Theoderich der Große, Mainz 1910.

G. Pfeilschifter, Theoderich der Große und die katholische Kirche, Münster 1896.

L. Schmidt, Geschichte der deutschen Stämme bis zum Ausgang der Völkerwanderung. Die Ostgermanen. München 1934.

L. Schmidt, Die letzten Goten. Forschungen und Fortschritte 11, 1935, 283ff.

F. Schneider, Rom und der Romgedanke im Mittelalter, München 1926.

J. Sundwall, Abhandlungen zur Geschichte des ausgehenden Römertums, Helsingfors 1919.

G. Vetter, Die Ostgoten und Theoderich, Stuttgart 1938.

3. Literatur zur Baukunst der Gotenzeit

A. Haseloff, Die vorromanische Plastik in Italien, Berlin 1930.
A. Haupt, Die älteste Kunst, insbesondere die Baukunst der Germanen[3], Berlin 1935.
A. Haupt, Das Grabmal Theoderichs des Großen zu Ravenna, Leipzig 1913.
R. Heidenreich, Das Grabmal Theoderichs zu Ravenna. Neue Jahrbücher für Antike und deutsche Bildung 1938, 281ff.
R. Heidenreich, Das Grabmal Theoderichs zu Ravenna. Kriegsvorträge der Rhein. Friedrich-Wilhelms-Universität Bonn a. Rh., Bonn 1941.
W. Hoppenstedt, Die Basilica S. Salvatore bei Spoleto und der Clitunnotempel, Halle a. S. 1912.
Th. G. Jackson, Byzantine and Romanesque Architecture, Cambridge 1920.
H. Peirce und R. Tyler, L'Art Byzantin I und II, Paris 1932.
G. T. Rivoira, Le Origini della Architettura Lombarda[2], Mailand 1908.
P. Toësca, Storia dell'Arte Italiana, Turin 1927.
A. Venturi, Storia dell'Arte Italiana, Mailand 1901 ff.

4. Literatur zur Bildniskunst

L. Bréhier, La Sculpture et les Arts Mineurs Byzantins, Paris 1936.
R. Delbrück, Die Consulardiptychen und verwandte Denkmäler, Berlin und Leipzig 1929.
R. Delbrück, Antike Porphyrwerke, Berlin und Leipzig 1932.
R. Delbrück, Spätantike Kaiserporträts, Berlin und Leipzig 1933.
R. Delbrück, Porträts byzantinischer Kaiserinnen. Mitteilungen des Deutschen Archäologischen Instituts, Römische Abteilung 28, 1913, 310ff.
Antike Denkmäler, herausgegeben vom Deutschen Archäologischen Institut, 4, Berlin 1931, Tafel 8ff. und S. 10f.
Ch. Diehl, L'Art Chrétien Primitif et l'Art Byzantin, Paris und Brüssel 1928.
E. Dyggve, Ravennatum Palatium Sacrum, Kopenhagen 1941.
A. Grabar, L'Empereur dans l'Art Byzantin, Paris 1936.
H. Graeven, Elfenbeinportraits der Königin Amalasvintha. Jahrbuch der preuß. Kunstsammlungen 19, 1898, 82ff.
J. Kollwitz, Oströmische Plastik der theodosianischen Zeit, Berlin 1941.
F. Kraus, Die Münzen Odovakars und des Ostgotenreiches in Italien, Halle a. S. 1928.
F. v. Lorentz, Theoderich — nicht Justinian. Mitteilungen des Deutschen Archäologischen Instituts, Römische Abteilung 50, 1935, 339ff.

5. Literatur zur Goldschmiedekunst

N. Åberg, Die Goten und Langobarden in Italien, Uppsala 1923.
F. Adama v. Scheltema, Altnordische Kunst[2], Berlin 1924.
A. Götze, Gotische Schnallen, Berlin 1907.
A. Götze, Die altthüringischen Funde von Weimar, Berlin 1912.
J. Hampel, Alterthümer des frühen Mittelalters in Ungarn 1/3, Braunschweig 1905.

R. Helm, Germanischer Schmuck. Bilderbücher des Germ. Nationalmuseums, Heft 1, Nürnberg 1934.
W. A. v. Jenny und W. F. Volbach, Germanischer Schmuck des frühen Mittelalters, Berlin 1933.
W. A. v. Jenny, Die Kunst der Germanen im frühen Mittelalter, Berlin 1940.
G. Kossinna, Germanische Kultur im 1. Jahrtausend², Leipzig 1939.
H. Kühn, Vorgeschichtliche Kunst Deutschlands, Berlin 1935.
H. Kühn, Das Kunstgewerbe der Völkerwanderungszeit. Bossert, Geschichte des Kunstgewerbes 1, Berlin 1928, 69ff.
A. Riegl, Spätrömische Kunstindustrie 1/2, Wien 1901 und 1923.
H. Rupp, Die Herkunft der Zelleneinlage und die Almandin-Scheibenfibeln des Rheinlandes, Bonn 1937.
B. Salin, Die altgermanische Thierornamentik, Stockholm 1904.
V. Viale, Recenti ritrovamenti archeologici a Vercelli e nel Vercellese. Il tesoro di Desana. Boll. Storico-Bibliografico Subalpino 44, 1942, Nr. 1, 1ff.
J. Werner, Münzdatierte austrasische Grabfunde, Berlin 1935.
H. Zeiss, Die Grabfunde aus dem spanischen Westgotenreich, Berlin-Leipzig 1934

6. Sonstige Literatur.

E. Gamillscheg, Romania Germanica, 2. Berlin und Leipzig 1935.
W. Grönbech, Kultur und Religion der Germanen, deutsche Ausgabe von O. Höfler, Hamburg 1937.

MIX
Papier | Fördert gute Waldnutzung
FSC® C083411

Kolibri 360 GmbH
Ferdinand-Jühlke-Straße 7
99095 Erfurt, Deutschland
produktsicherheit@kolibri360.de